高超声速出版工程

激波诱导分离的非定常效应

Unsteady Effects of Shock Wave Induced Separation

〔波〕P. 多尔夫(Piotr Doerffer)
〔比〕C. 赫希(Charles Hirsch)
〔法〕J. P. 杜萨奥格(Jean-Paul Dussauge)　著
〔英〕H. 巴宾斯基(Holger Babinsky)
〔英〕G. N. 巴拉克斯(George N. Barakos)

杨彦广　王　刚　谢祝轩　　　译

科 学 出 版 社

北 京

图字：01-2021-2581号

内 容 简 介

本书围绕跨声速翼型、喷管流动、斜激波反射三种基本构型介绍激波/边界层干扰非定常问题的研究进展，给出大量的非定常压力、气动力实验数据，并与不同数值模拟方法结果进行比较，评估 URANS、RANS-LES、LES 方法在该问题上的适用性。在此基础上，分析激波大尺度、低频振荡与声耦合、涡脱落、涡对流等现象的关系，探讨不同流动中激波非定常振荡的成因；开展控制方法研究，总结涡流发生器、壁面抽吸、合成射流等不同控制手段对激波非定常振荡的控制效果。

本书适用于对激波/边界层干扰或类似复杂流动有一定了解的高等院校教师和研究生，以及科研人员和设计人员。

First published in English under the title
Unsteady Effects of Shock Wave Induced Separation
edited by Piotr Doerffer, Charles Hirsch, Jean-Paul Dussauge, Holger Babinsky
and George N. Barakos
Copyright © Springer-Verlag Berlin Heidelberg, 2011
This edition has been translated and published under licence from
Springer-Verlag GmbH, part of Springer Nature.

图书在版编目（CIP）数据

激波诱导分离的非定常效应／（波）P. 多尔夫
（Piotr Doerffer）等著；杨彦广，王刚，谢祝轩译.—
北京：科学出版社，2022.10
书名原文：Unsteady Effects of Shock Wave Induced
Separation
高超声速出版工程
ISBN 978-7-03-072798-5

Ⅰ.①激⋯　Ⅱ.①P⋯ ②杨⋯ ③王⋯ ④谢⋯　Ⅲ.①
激波-非定常流动-研究　Ⅳ.①O354.5②O357.1

中国版本图书馆 CIP 数据核字（2022）第 136159 号

责任编辑：徐杨峰／责任校对：谭宏宇
责任印制：黄晓鸣／封面设计：殷　靓

科学出版社 出版
北京东黄城根北街 16 号
邮政编码：100717
http://www.sciencep.com

南京展望文化发展有限公司排版
苏州市越洋印刷有限公司印刷
科学出版社发行　各地新华书店经销

*

2022 年 10 月第 一 版　开本：B5(720×1000)
2022 年 10 月第一次印刷　印张：19 1/2
字数：332 000
定价：170.00 元
（如有印装质量问题，我社负责调换）

高超声速出版工程

专家委员会

丛书序

飞得更快一直是人类飞行发展的主旋律。

1903 年 12 月 17 日,莱特兄弟发明的飞机腾空而起,虽然飞得摇摇晃晃,犹如蹒跚学步的婴儿,但拉开了人类翱翔天空的华丽大幕;1949 年 2 月 24 日,Bumper-WAC 从美国新墨西哥州白沙发射场发射升空,上面级飞行马赫数超过 5,实现人类历史上第一次高超声速飞行。从学会飞行,到跨入高超声速,人类用了不到五十年,蹒跚学步的婴儿似乎长成了大人,但实际上,迄今人类还没有实现真正意义的商业高超声速飞行,我们还不得不忍受洲际旅行需要十多个小时甚至更长飞行时间的煎熬。试想一下,如果我们将来可以在两小时内抵达全球任意城市,这个世界将会变成什么样?这并不是遥不可及的梦!

今天,人类进入高超声速领域已经快 70 年了,无数科研人员为之奋斗了终生。从空气动力学、控制、材料、防隔热到动力、测控、系统集成等,在众多与高超声速飞行相关的学术和工程领域内,一代又一代科研和工程技术人员传承创新,为人类的进步努力奋斗,共同致力于达成人类飞得更快这一目标。量变导致质变,仿佛是天亮前的那一瞬,又好像是蝶即将破茧而出,几代人的奋斗把高超声速推到了嬗变前的临界点上,相信高超声速飞行的商业应用已为期不远!

高超声速飞行的应用和普及必将颠覆人类现在的生活方式,极大地拓展人类文明,并有力地促进人类社会、经济、科技和文化的发展。这一伟大的事业,需要更多的同行者和参与者!

书是人类进步的阶梯。

实现可靠的长时间高超声速飞行堪称人类在求知探索的路上最为艰苦卓绝的一次前行,将披荆斩棘走过的路夯实、巩固成阶梯,以便于后来者跟进、攀登,意义深远。

以一套丛书,将高超声速基础研究和工程技术方面取得的阶段性成果和宝贵经验固化下来,建立基础研究与高超声速技术应用之间的桥梁,为广大研究人员和工程技术人员提供一套科学、系统、全面的高超声速技术参考书,可以起到为人类文明探索、前进构建阶梯的作用。

2016 年,科学出版社就精心策划并着手启动了"高超声速出版工程"这一非常符合时宜的事业。我们围绕"高超声速"这一主题,邀请国内优势高校和主要科研院所,组织国内各领域知名专家,结合基础研究的学术成果和工程研究实践,系统梳理和总结,共同编写了"高超声速出版工程"丛书,丛书突出高超声速特色,体现学科交叉融合,确保丛书具有系统性、前瞻性、原创性、专业性、学术性、实用性和创新性。

这套丛书记载和传承了我国半个多世纪尤其是近十几年高超声速技术发展的科技成果,凝结了航天航空领域众多专家学者的智慧,既可供相关专业人员学习和参考,又可作为案头工具书。期望本套丛书能够为高超声速领域的人才培养、工程研制和基础研究提供有益的指导和帮助,更期望本套丛书能够吸引更多的新生力量关注高超声速技术的发展,并投身于这一领域,为我国高超声速事业的蓬勃发展做出力所能及的贡献。

是为序!

2017 年 10 月

系列序

人类对高超声速的研究、探索和实践,始于 20 世纪 50 年代,历经数次高潮和低谷,70 年来从未间断。承载着人类更快、更远、自由飞行的梦想,高超声速一直代表着航空航天领域的发展方向和前沿,但迄今尚未进入高超声速飞行的自由王国,原因在于基础科学和工程实现方面仍存在众多认知不足和技术挑战。

进入新世纪,高超声速作为将彻底改变人类生产生活方式的颠覆性技术,已成为世界主要大国的普遍共识,相关研究获得支持的力度前所未有。近十多年来,高超声速空气动力学、能源动力、材料结构、飞行控制、智能设计与制造等领域不断创新突破,取得长足进步,推动高超声速进入从概念到工程、从技术到装备的转化阶段,商业应用未来可期。

近年来,我国在高超声速领域的研究也如火如荼,正在迎头赶上世界先进水平,逐步实现了从跟跑到并跑的重大突破,在世界高超声速技术领域占据了重要地位。科学出版社因时制宜,精心策划推出了"高超声速出版工程",组织国内各知名专家学者,系统梳理总结、记载传承了我国高超声速领域发展的最新科技成果。

与此同时,我们也看到,美俄等航空航天强国毕竟在高超声速领域起步早、积淀深,在相关基础理论、技术方法和实践经验方面有大量值得我们学习借鉴之处。半个多世纪以来,国外相关领域的学者专家撰写发表了大量专著,形成了人类高超声速技术的资源宝库,其中不乏对学科和技术发展颇具影响的名家经典。

他山之石,可以攻玉。充分汲取国外研究成果和经验,可以进一步丰富完善我们的高超声速知识体系。基于这一认识,在"高超声速出版工程"专家编委会主任包为民院士的关心支持下,我们策划了"高超声速译著系列",邀请国内高超声速研究领域学术视野开阔、功底扎实、创新力强、经验丰富的一线中青年专家,在汗牛充栋的经典和最新著作中,聚焦高超声速空气动力学、飞行器总体、推进、材料与结构等重点学科领域,精心优选、精心编译,并经知名专家审查把关,试图使这些凝聚着国外同行学者智慧成果的宝贵知识,突破语言障碍,为我国相关领域科研人员提供更好的借鉴和启发,同时激励和帮助更多的高超声速新生力量开阔视野,更好更快地成长。

本译著系列得到了科学出版社的大力支持和帮助,谨此表示衷心的感谢!

2021 年 5 月

译者序

激波/边界层干扰是边界层在激波产生的逆压梯度作用下诱导产生的复杂流动,具有非定常、非线性、多尺度特征,是跨声速与超声速流动中广泛存在且影响显著的经典问题。激波/边界层干扰通常具有非定常特性,如诱导激波的振荡、流动分离区的膨胀与收缩过程等,这对跨声速和超声速飞行器的气动、控制、动力及结构等系统均存在关键影响:翼面和气动操纵面处于非定常的流动分离状态,极易影响飞行器的操纵特性;激波低频振荡引起的疲劳冲击载荷,对结构完整性构成严重威胁。在 UFAST 项目的资助下,依据欧洲航空工业研发的具体需求,国际上从事激波主导复杂流动研究的多位科学家共同编写了本书。

本书总结了 UFAST 项目中关于激波诱导分离的非定常效应的研究进展。针对激波/边界层干扰诱导流动这类强非线性、非定常问题,围绕机翼、喷管及进气道等典型构型处的激波/边界层干扰非定常特性开展风洞实验与数值模拟研究,并将实验与数值模拟研究相结合,加深对非定常特性的作用规律与流动机理的认识。通过阅读本书,读者能够比较系统地了解航空领域中激波诱导非定常流动的研究手段、主要现象及流动机理,并对国际上激波/边界层干扰非定常特性的研究进展有所把握。译者希望本书能够为我国相关领域的科研工作者提供一定的参考,也为我国高超声速空气动力学研究与高超声速技术人才培养贡献微薄之力。

本书的翻译工作是由中国空气动力研究与发展中心杨彦广研究员、王刚副研究员与谢祝轩工程师共同完成的,得到了国内许多同仁的大力支持与无私帮助。感谢国家重点研发计划"激波/湍流边界层干扰机理研究"项目的资助,感谢科学出版社的大力支持,感谢中国空气动力研究与发展中心方明副研究员在组织"高超声速译著系列"工作中付出的努力。由于译者水平有限,译文可能存在不足之处,敬请读者谅解并不吝指正。

杨彦广

2021 年 9 月 8 日

中国空气动力研究与发展中心,四川绵阳

原书序(中文版)

激波诱导分离的非定常效应(Unsteady Effects of Shock Wave Induced Separation, UFAST)项目的主要目标是建立一个可靠的数据库,包括非定常实验数据、对非定常问题施加流动控制的研究结果等。

本书介绍了针对激波/边界层干扰非定常性的风洞实验和数值模拟结果的对比,并分析了 RANS、URANS、LES 和混合方法等与激波/边界层干扰问题的适用性。

彼得·多尔夫(Piotr Doerffer)

缩略语

CFD	computational fluid dynamics	计算流体力学
CTA	constant temperature anemometry	恒温风速仪
DES	detached-eddy simulation	分离涡模拟
DDES	delayed detached-eddy simulation	延迟分离涡模拟
DNS	direct numerical simulation	直接数值模拟
HWA	hot wire anemometry	热线风速仪
LES	large-eddy simulation	大涡模拟
PDF	probability density function	概率密度函数
PSD	power spectral density	功率谱密度
RANS	Reynolds-averaged Navier – Stokes	雷诺平均纳维-斯托克斯
RMS	root mean square	均方根
SBLI	shock-wave/boundary-layer interaction	激波/边界层干扰
URANS	unsteady Reynolds-averaged Navier – Stokes	非定常雷诺平均纳维-斯托克斯

物理量定义

a	当地声速
f	有量纲频率
L	干扰区特征长度,$L = x_0 - X_{imp}$
L_{sep}	分离区特征长度,$L_{sep} = X_{at} - X_{sep}$
Ma	马赫数
p	压力
Re	雷诺数
St	无量纲频率(斯特劳哈尔数)
T	总温
T_u	RANS 计算域入口处的湍流度
u、v、w	时均流向速度、法向速度、展向速度
u_c	对流速度
u_τ	摩擦速度,$u_\tau = \sqrt{(\mu_w / \rho_w)\left[\partial u / \partial y\right]_w}$
x、y、z	流向坐标、法向坐标、展向坐标
X_{at}	边界层再附的平均位置
X_{imp}	斜激波在壁面上的入射位置
X_{sep}	边界层分离的平均位置
x_0	反射激波脚的位置
δ_{99}^{sw}	风洞侧壁处的边界层厚度
δ^*	边界层位移厚度,$\delta^* = \int_0^\infty \left(1 - \dfrac{\langle \rho u \rangle_t}{\rho_\infty U_\infty}\right) \mathrm{d}y$

δ_f	副翼偏转角
δ_{ij}	克罗内克函数
μ	动力黏性系数
v	运动黏性系数
ρ	密度
t	相关函数中的时间变量
θ	边界层动量厚度，$\theta = \int_0^\infty \dfrac{\langle \rho u \rangle_t}{\rho_\infty U_\infty} \left(1 - \dfrac{\langle u \rangle_t}{U_\infty} \right) \mathrm{d}y$
$\langle A \rangle_\alpha$	变量 A 的 α 平均，无下标时默认为时间平均
A_{vd}、A^{vd}	变量 A 的 van-Driest 变化，$\int_0^a \sqrt{\langle \rho \rangle_t / \langle \rho_w \rangle_t}\, \mathrm{d}a$
A_w	A 的壁面变量
A_0	A 的滞止变量
A_∞	A 的自由来流变量
$+$	壁面单元形式表征的变量，$y^+ = y\, u_\tau / v_w$、$u^+ = \langle u \rangle_t / u_\tau$

高超声速出版工程

目　录

丛书序
系列序
译者序
原书序(中文版)
缩略语
物理量定义

第 1 章　UFAST 项目

Part I　跨 声 速 干 扰

第 2 章　凸起壁面上的激波/边界层干扰

第 3 章 双圆弧翼型上的激波/边界层干扰

第 4 章 带副翼 NACA0012 翼型上的激波/边界层干扰

Part II 喷 管 流 动

第 5 章 翼型上的受迫激波振荡

第 6 章　喷管上的受迫激波振荡

第 7 章　喷管与弯曲流道中的激波振荡

Part III　斜激波/平板边界层

第 8 章　马赫数 1.7 流场中的斜激波/平板边界层干扰

第 9 章　马赫数 2 流场中的斜激波/平板边界层干扰

第 10 章　马赫数 2.25 流场中的斜激波/平板边界层干扰

Part IV　总　　结

第 11 章　WP-2 实验研究总结

第 12 章　WP-3 流动控制实验

第 13 章 WP‑4 RANS/URANS 数值模拟方法

第 14 章 WP‑5 LES 方法和 RANS‑LES 混合方法

第 1 章

UFAST 项目

1.1 项目简介

UFAST 项目的总体目标是根据航空工业的研发需求,推进激波/边界层干扰非定常、强非线性问题的实验和理论研究。欧盟开展的其他项目也曾探索过跨/超声速流动中的激波/边界层干扰问题,但并没有对其非定常特性开展深入研究。近年来,随着风洞实验技术和数值方法的持续发展,具备了对该问题开展系统研究的能力。

机翼、喷管及进气道等处的激波/边界层干扰是工业部门最关心且亟待解决的关键问题,这几类构型作为基础研究构型,可以将其研究成果拓展至更复杂的构型。此外,应用合成射流、涡流发生器等方法对激波/边界层干扰及其非定常性开展流动控制研究。

UFAST 项目将风洞实验和数值模拟方法相结合,对两类结果相互验证,相互补充。数值模拟方面,应用 RANS/URANS 和 RANS - LES 混合方法,加深对激波主导的非定常流动中湍流模拟的认识;应用 LES 方法解析流场中的大尺度相干结构,组成项目的数值模拟能力体系。

1.2 项目目标

激波/边界层干扰是高速流动中不可避免的空气动力学问题,在跨/超声速的内外流场中,常导致边界层分离,造成结构损伤。当超声速进气道内发生激波/边界层干扰时,可能导致发动机进气道效率降低。

UFAST 项目研究的主要科学问题有如下几种。

（1）来流边界层中，与激波振荡不存在显著内在联系的高频非定常特性。

（2）激波振荡诱发的全流场非定常流动。

（3）由外界扰动或涡结构脱落引起的分离泡"呼吸"过程。

（4）由于激波作用生成的湍流结构（激波作用下的湍流生成和强可压缩性效应）。

（5）分离区下游（确切地说是再附区下游）边界层的再发展，其特征是涡结构的相互作用及激波运动引起的低频非定常流动。

（6）声波强耦合生成的各种非定常流动。

激波与湍流流场中的涡结构相互作用，生成更大特征尺寸的涡，这些大涡结构向干扰区下游传播并成为宽频噪声的主要来源之一。通过对这种非定常和/或大尺度相干涡主导的流动进行模拟，对流动非相似性和非平衡性有了新的认识，进一步，对强分离区中与非定常性和可压缩效应相关的湍流尺度的变化有了更好的理解。

但是，针对跨声速流场中的非定常流动，适用于不可压缩流动的湍流模型无法准确预测激波振荡等非定常现象。应用 DES 来进行跨声速机翼绕流时，需要针对非定常性和可压缩性修改湍流尺度参数。

总的来说，URANS、LES 和 RANS – LES 混合方法等数值方法的预测能力亟待提高，需要从如下方面提高认识与相关能力：① 针对非定常特性开展风洞实验；② 改进数值模拟方法；③ 提高对复杂流动的认识。

为了得到更具通用性、普适性的研究结论，需要对几类激波主导的流动构型开展理论、实验与数值模拟研究。UFAST 项目倡导各领域各机构的专家学者开展紧密合作，共享资源与研究成果，共同实现研究目标。在项目的实施过程中，各参研单位的研究工作存在一定程度的交叉，有利于对研究成果进行对比验证，并形成可靠的数据库。

项目的第一项目标是形成一个包含非定常流场结构与激波振荡等信息的实验数据库，流动速域范围为跨声速到超声速（马赫数 2.25），构型包括机翼、喷管、弯管/进气道等。

研究工作分为"基本组"（代号 WP – 2）和"流动控制组"（代号 WP – 3），后者旨在为工业部门提出有效的流动控制方法与技术建议，降低非定常激波/边界层干扰诱发的潜在风险，如调控非定常性、降低噪声及缓解结构疲劳等。流动控制技术主要基于对大涡的控制原理，如多孔壁面、涡流发生器、合成射流和电流体/磁流体激励器等。

在 UFAST 项目中，注重实验和数值工作之间的紧密结合，基于数值结果对实验的几何构型或流动参数进行调整。

项目的第二项目标,是发展数值模拟方法与数值模拟技术,采用的数值方法包括 RANS – URANS 方法(代号 WP – 4),LES 方法和 RANS – LES 混合方法(代号 WP – 5)、在项目开展过程中,应改进数值模拟方法与技术,并探究不同方法的适用范围。UFAST 项目力争为激波/边界层干扰的数值模拟提供有效的指导。

项目的第三项目标,是加强对各类激波/边界层干扰流动的理解。获得关于激波/边界层干扰非定常特性的新认识,如低频涡结构脱落与激波运动之间的耦合,以及激波处湍流的放大/衰减效应等,并提出一系列尚不能完全解释的科学问题,包括以下几类。

(1)激波/边界层干扰流场非定常性的本质是什么?

(2)自由来流边界层中的扰动与非定常流场之间是什么关系?

(3)可压缩性和亚声速湍流的作用机制是怎么样的?

(4)激波脚附近的低频信号与激波振荡之间的关系?

总的来说,在 UFAST 项目的牵引下,所有参研单位与科研人员都做出了重要贡献,相关成果汇总在如下两本著作: *UFAST Experiments—Data Bank*,*Unsteady Effects in Shock Wave Induced Separation*。

1.3　项目参与单位

UFAST 项目由来自 10 个欧洲国家(8 个欧盟成员国、1 个欧盟候选国,以及俄罗斯)的 18 个组织联合开展,具体见表 1.1。除了项目参研单位外,还成立了由 4 个工业部门(劳斯莱斯公司德国分部、达索飞机制造公司、阿莱尼亚宇航公司和 ANSYS 公司)组成的"观察小组",该小组主要参与 UFAST 项目会议并对研究结果进行分析与应用。

1.1　UFAST 项目参与单位

编号	组　织　名　称	简　称	国　家
1	波兰科学院流体机械研究所(The Szewalski Institute of Fluid Flow Machinery Polish Academy of Sciences)	IMP	波兰

（续表）

编号	组 织 名 称	简 称	国 家
2	法国国家科学研究中心 IUSTI 实验室（CNRS Laboratory IUSTI, UMR 6595, Marseille）	IUSTI	法国
3	法国国家航空航天研究院（应用空气动力学）ONERA（DAFE, DAAP）	ONERA	法国
4	剑桥大学（University of Cambridge）	UCAM	英国
5	贝尔法斯特女王大学机械与航空工程学院（Queens University Belfast, School of Aerospace Engineering）	QUB	英国
6	俄罗斯科学院西伯利亚分院理论与应用力学研究院（Russian Academy of Science, Siberian Branch, Novosibirsk, Institute of Theoretical Applied Mechanics）	ITAM	俄罗斯
7	荷兰代尔夫特理工大学（Delft University of Technology, Aerodynamics Laboratory）	TUD	荷兰
8	罗马尼亚国家航空航天研究所（INCAS, Romanian Institute for Aeronautics）	INCAS	罗马尼亚
9	南安普顿大学（University of Southampton, SES）	SOTON	英国
10	罗马大学（University of Rome "La Sapienza"）	URMLS	意大利
11	利物浦大学（University of Liverpool, Department of Engineering）	UoL	英国
12	比利时 NUMECA 公司（NUMECA, Belgium, SME）	NUMECA	比利时
13	图卢兹流体力学研究所（Institute Mécanique des Fluides de Toulouse）	IMFT	法国
14	赫拉斯研究与技术基金会（FORTH/IACM, Foundation for Research and Technology）	FORTH	希腊
15	里昂中央理工学院（Ecole Centrale de Lyon）	LMFA	法国
16	欧洲宇航防务集团（Deutschland GmbH Military Aircraft）	EADS	德国
17	武卡谢维奇研究中心 - 航空研究院（Institute of Aviation, Warsaw）	IoA	波兰
18	乌克兰科学院机械工程研究所（Podgorny Institute for Mechanical Engineering Problems NASU）	UAN	乌克兰

1.4　项目结构

UFAST 项目的研究工作主要分为两部分：一是针对激波/边界层干扰及其流动控制开展实验研究,整理形成数据库;二是采用 URANS 方法、RANS‐LES 混合方法和 LES 方法等开展数值模拟研究,并评估这些方法的适用性。

针对三种基本构型开展非定常激波/边界层干扰风洞实验与数值模拟研究,见图 1.1。

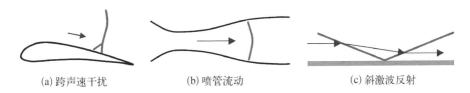

　(a) 跨声速干扰　　　　　(b) 喷管流动　　　　　(c) 斜激波反射

图 1.1　UFAST 项目中的激波干扰代表构型

图 1.2 展示了 UFAST 项目的研究内容结构,每行为不同的研究模块,如"基础实验"、"激波边界层干扰流动控制实验"、"RANS 与 URANS 数值模拟方法"、"LES 方法与 RANS‐LES 混合方法"等;左起第一列为不同研究模块的序号、主要工作及负责人;其余三列为针对三种构型开展的问题研究。

在"基础实验"中,使用字母来标记不同的构型和流场参数;在"流动控制组"中,使用数字标记不同的流动控制方法。因此,基于每一个实验的字母和数字,可以识别研究单位及对应的具体构型、流场条件与流动控制装置。相似地,在 RANS‐URANS 数值模拟方法、LES 方法与 RANS‐LES 混合方法研究中,通过这些标签能够索引对应的实验工况。

1.5　组织架构

为了更好地促进项目内部交流,UFAST 项目中根据流动构型和研究内容将参研单位进行了分组,如图 1.3 所示。

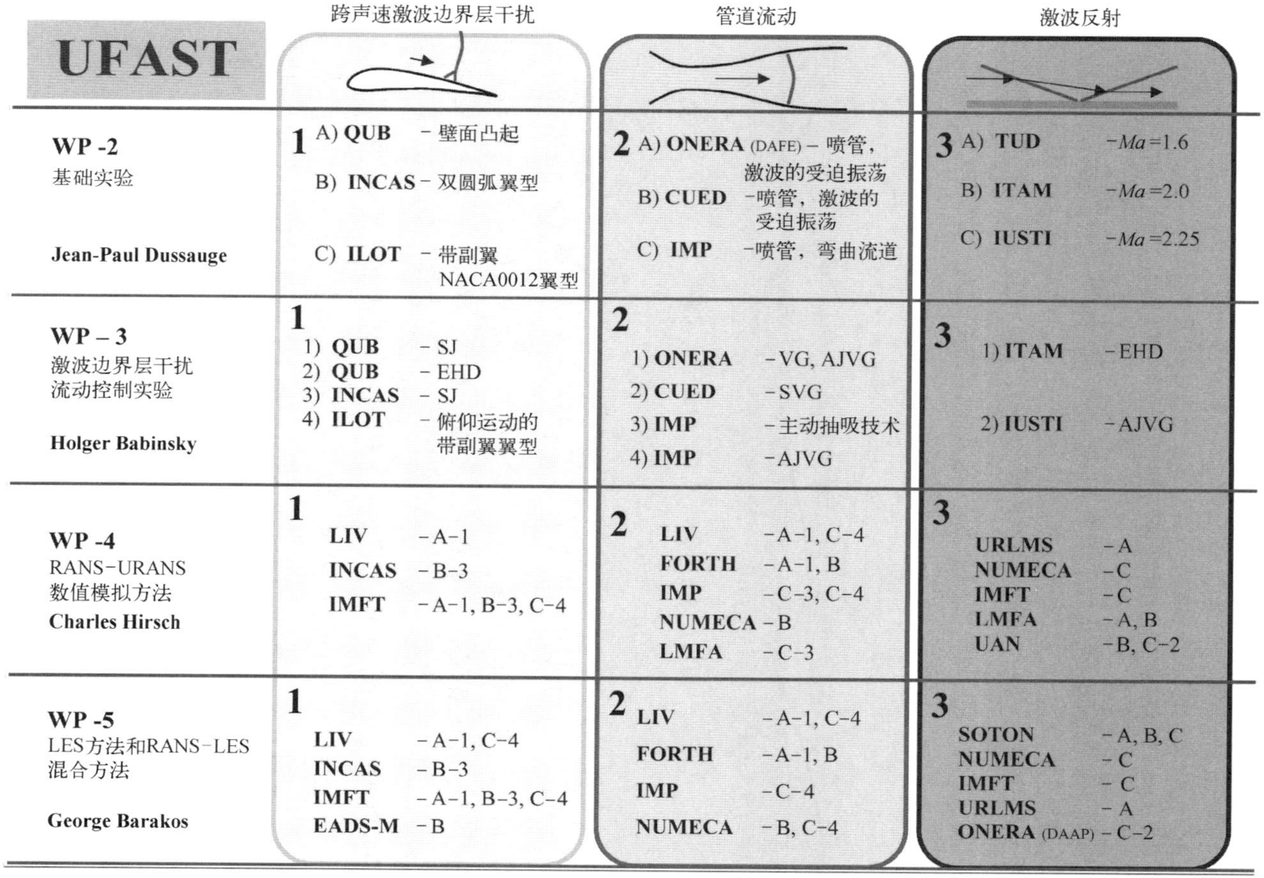

UFAST	跨声速激波边界层干扰	管道流动	激波反射
WP -2 基础实验 **Jean-Paul Dussauge**	**1** A) QUB　－壁面凸起 B) INCAS　－双圆弧翼型 C) ILOT　－带副翼 NACA0012翼型	**2** A) ONERA (DAFE) －喷管，激波的受迫振荡 B) CUED　－喷管，激波的受迫振荡 C) IMP　－喷管，弯曲流道	**3** A) TUD　－Ma=1.6 B) ITAM　－Ma=2.0 C) IUSTI　－Ma=2.25
WP -3 激波边界层干扰 流动控制实验 **Holger Babinsky**	**1** 1) QUB　－SJ 2) QUB　－EHD 3) INCAS　－SJ 4) ILOT　－俯仰运动的带副翼翼型	**2** 1) ONERA　－VG, AJVG 2) CUED　－SVG 3) IMP　－主动抽吸技术 4) IMP　－AJVG	**3** 1) ITAM　－EHD 2) IUSTI　－AJVG
WP -4 RANS－URANS 数值模拟方法 **Charles Hirsch**	**1** LIV　－A-1 INCAS　－B-3 IMFT　－A-1, B-3, C-4	**2** LIV　－A-1, C-4 FORTH　－A-1, B IMP　－C-3, C-4 NUMECA－B LMFA　－C-3	**3** URLMS　－A NUMECA　－C IMFT　－C LMFA　－A, B UAN　－B, C-2
WP -5 LES方法和RANS-LES 混合方法 **George Barakos**	**1** LIV　－A-1, C-4 INCAS　－B-3 IMFT　－A-1, B-3, C-4 EADS-M　－B	**2** LIV　－A-1, C-4 FORTH　－A-1, B IMP　－C-4 NUMECA　－B, C-4	**3** SOTON　－A, B, C NUMECA　－C IMFT　－A URLMS　－A ONERA (DAAP) －C-2

图 1.2　UFAST 项目研究内容结构

跨声速激波边界层干扰		
凸起壁面上的激波/边界层干扰		
1.1 负责人： **LIV** George Barakos	实验	**QUB**(Emmanuel Benard负责)
	WP–4	LIV
		IMFT
	WP–5	LIV
		IMFT
双圆弧翼型上的激波/边界层干扰		
1.2 负责人： **EADS** Stefan Leicher	实验	**INCAS**(Catalin Nae负责)
	WP–4	INCAS
		IMFT
	WP–5	INCAS
		IMFT
		EADS
带副翼NACA0012翼型上的激波/边界层干扰		
1.3 负责人： **IMFT** Marianna Braza	实验	**IoA**(Wojciecn Kania负责)
	WP–4	IMFT
	WP–5	IMFT
		LIV

管道流动		
翼型上的受迫激波振荡		
2.1 负责人： **ONERA** (DAFE) Reynald Bur	实验	**ONERA (DAFE)**
	WP–4	LIV
		FORTH
	WP–5	LIV
		FORTH
喷管上的受迫激波振荡		
2.2 负责人： **UCAM** Holger Babinsky	实验	**UCAM**
	WP–4	FORTH
		NUMECA
	WP–5	FORTH
		NUMECA
喷管与弯曲流道中的激波振荡		
2.3 负责人： **IMP PAN** Piotr Doerffer	实验	**IMP PAN**
	WP–4	LIV
		IMP PAN
		LMFA
	WP–5	LIV
		IMP PAN
		NUMECA

激波反射		
Ma = 1.7		
3.1 负责人： **URLMS** Sergio Pirozzoli	实验	**TUD** (Bas van Oudheusden)
	WP–4	URLMS
		LMFA
	WP–5	URLMS
		SOTON
Ma = 2.0		
3.2 负责人： **SOTON** Neil Sandham	实验	**ITAM** (Anatoly Maslov)
	WP–4	UAN
		LMFA
	WP–5	SOTON
Ma = 2.25		
3.3 负责人： **ONERA** (DAAP) Eric Garnier	实验	**IUSTI** (Jean-Paul Dussage)
	WP–4	NUMECA
		IMFT
		UAN
	WP–5	SOTON
		NUMECA
		IMFT
		ONERA (DAAP)

图 1.3　UFAST 项目流场工况分组

Part I

跨声速干扰

第 2 章

凸起壁面上的激波/边界层干扰
George Barakos

2.1 简介

针对跨声速流动中的激波/边界层干扰问题,国内外学者已开展了比较丰富的风洞实验研究并形成了数据库,用来验证数值模拟并探索流动机理。跨声速飞行条件下翼型上的激波振荡,是最受关注的科学问题之一。本章首先应用URANS方法研究无孔壁面与多孔壁面对激波的影响,基于研究结果确定采用无孔壁面开展实验。QUB研究团队在风洞中研究了空气湿度对流动的影响,并与UoL的数值模拟结果进行对比分析。然后,IMFT和UoL应用URANS方法、基于壁函数的分区LES方法和原始涡模拟(organised eddy simulation,OES)方法开展了数值模拟研究。在风洞实验中观测到了跨声速流场的激波振荡现象,但采用URANS方法无法预测激波的非定常振荡。

2.2 QUB风洞实验研究

QUB研究团队针对激波/边界层干扰诱发的激波振荡现象开展实验研究,并应用合成射流方法对其进行流动控制[1-3]。实验构型是圆弧翼型[图2.1(a)],在UFAST项目开展前,已对该构型开展过风洞实验研究,数值模拟($k-\omega-$URANS)与风洞实验获得的激波时序位置呈现出较好的一致性,见图2.1(b),其中c为翼型弦长,T为周期。

受风洞尺寸所限,无法将完整的圆弧翼型安装在实验段内,因此采用折中的

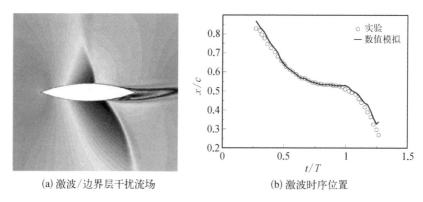

(a) 激波/边界层干扰流场　　　　　(b) 激波时序位置

图 2.1　18%圆弧翼型上的激波/边界层干扰流场(马赫数 0.78)和激波时序位置[3]

方法,将半个圆弧翼型安装在实验段下壁面(以下称为凸起壁面)作为实验模型。在 UFAST 项目开展之前,已有学者对凸起壁面构型上的激波/湍流边界层干扰开展了实验研究[4-6],例如,Delery 和 Marvin[4] 研究发现,激波/湍流边界层干扰使流场中的黏性耗散区域变大,并进一步导致升力减小、阻力增大和出现机翼颤振现象。在数值模拟研究方面,采用由实验数据形成的数据库对数值方法进行验证,并发展更适用于跨声速激波/边界层干扰问题的湍流模型,结果详见Johnson 等[5]、Delery 等[4,6]的研究结果。通过开展上述工作,获得了激波/边界层干扰区内的壁面压力分布、边界层特性等实验结果,为数值方法和湍流模型的评估与优化提供了标准数据[7]。文献[5]中的数值模拟结果表明,干扰区下方形成了明显的流动分离区,见图 2.2。

　　风洞实验段构型、尺寸等见图 2.3,实验段上壁面分为无孔壁面和多孔壁面两种构型,其中多孔壁面由两个带孔插槽模块组成。实验段长度为 979 mm,入口横截面尺寸为 101.6 mm×101.6 mm,其上下游分别与喷管、扩压段相连。实验段两侧壁上设有两个光学窗口,主要用于纹影等流场显示。为了消除实验段壁面边界层发展引起的堵塞效应,可以根据需求将上壁面和下壁面调整成非平行的姿态。

　　凸起壁面模型长度为 101.6 mm,最厚处约为 9.144 mm,与实验段同宽。该模型的圆弧半径为 145.68 mm,圆心位于距实验段入口 600 mm 处,即凸起前缘坐标为 $x = 549.2$ mm。

　　实验段内的气流滞止条件近似为大气环境条件:总压 $p_0 \approx (0.99 \pm 0.04) \times 10^5$ Pa,总温 $T_0 \approx (290 \pm 5)$ K;以 $x = 382$ mm 处的动量边界层厚度为特征长度

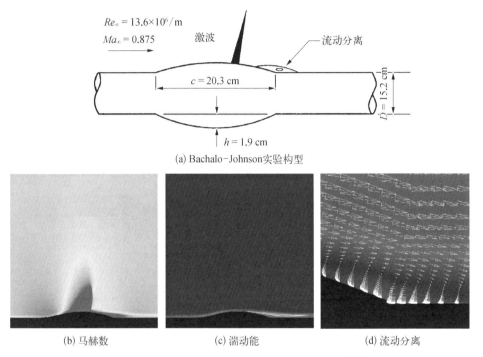

$Re_x = 13.6 \times 10^6/\text{m}$
$Ma_x = 0.875$
激波
流动分离
$c = 20.3$ cm
$D = 15.2$ cm
$h = 1.9$ cm

(a) Bachalo-Johnson实验构型

(b) 马赫数   (c) 湍动能   (d) 流动分离

图 2.2　跨声速激波/边界层干扰数值模拟结果[4]

的雷诺数 $Re_\theta \approx 6\,400$，自由来流的相对湿度低于 18%，速度脉动值约为 0.35%，有效实验时间为 8~10 s。在多孔壁面构型、自由来流马赫数为 $Ma_\infty = 0.78$、湿度为 30% 的条件下，激波位于约 65% 弦长处（即 $x = 382$ mm 处），且流场中的马赫数极值 $Ma_{pk} = 1.31$；在无孔壁面构型、自由来流马赫数为 $Ma_\infty = 0.785$、湿度为 18% 的条件下，激波位于 65% 弦长处，马赫数极值 $Ma_{pk} = 1.37$，流动再附点位于 $x = 670 \sim 690$ mm（120%~140% 弦长处）。

　　受风洞气流湿度影响，针对多孔壁面构型的数值模拟与实验结果之间存在较大差异。因此，QUB 研究团队针对湿度影响开展了进一步研究，结果表明，当来流湿度低于 18% 时，可近似认为数值模拟与实验结果基本一致[8]。

　　应用数值模拟方法，开展实验段上壁面对跨声速激波/边界层干扰流场的影响研究。结果表明，当上壁面与下壁面之间的距离等于 2.5 倍弦长时，激波与上壁面之间依然存在一定程度的干扰，结果见图 2.4（马赫数 0.7，三维、无黏、定常数值模拟，网格数量为 2.9×10^5 个）。在马赫数 0.745 流场条件下，壁面附近的流向速度和法向速度分布见图 2.5（马赫数 0.745，三维、无黏、定常数值模拟结果，

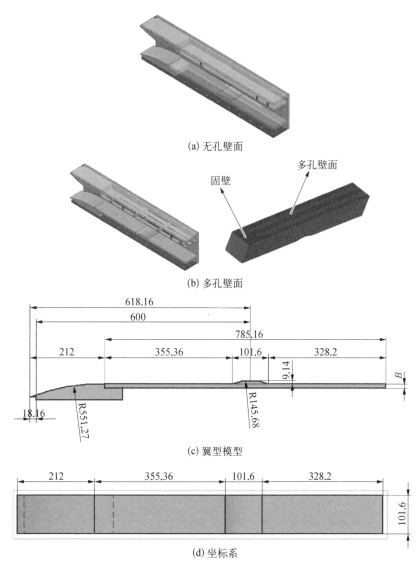

(a) 无孔壁面

(b) 多孔壁面

(c) 翼型模型

(d) 坐标系

图 2.3 风洞实验段构型(单位: mm)

网格数量为 2.9×10^5 个),图中壁面速度分布皆为距离壁面一定距离处的值。

应用 $k-\varepsilon$ 模型开展数值模拟,结果表明,若要获得马赫数为 0.7~0.76 的自由来流,上壁面到下壁面之间的距离应不小于 3 倍弦长,结果见图 2.6(马赫数 0.745,三维、无黏、定常数值模拟结果,网格数量为 2.9×10^5 个)。

针对多孔壁面构型,文献[9]中将固壁处边界层条件法向速度设为较小值,

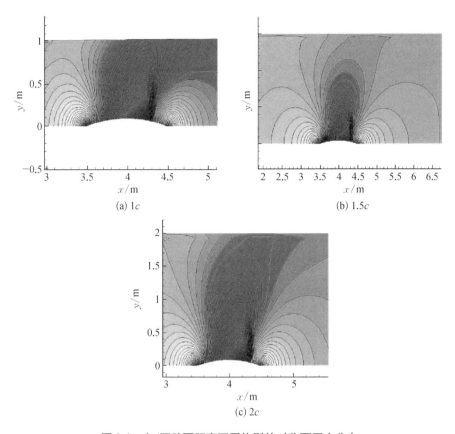

(a) 1c

(b) 1.5c

(c) 2c

图 2.4　上/下壁面距离不同构型的对称面压力分布

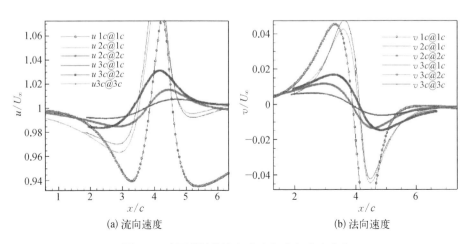

(a) 流向速度

(b) 法向速度

图 2.5　壁面附近的流向速度和法向速度分布

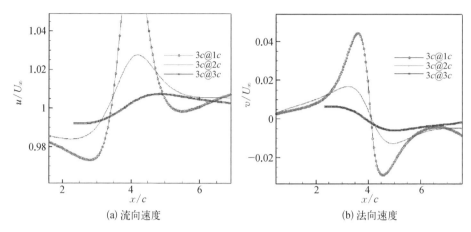

(a) 流向速度　　　　　　　　(b) 法向速度

图 2.6 上/下壁面距离为 3 倍弦长时距下壁面 1 倍、2 倍、3 倍弦长处的流向速度和法向速度

由流场内的参数值外推得到壁面上的压力和密度分布,并将切向速度设置为零,
垂直于壁面的速度分量 w 为

$$\frac{w}{U_\infty} = \sigma \frac{p - p_{\text{plenum}}}{\rho_\infty - U_\infty^2}$$

式中,σ 为多孔壁的孔隙率(基于上壁面面积计算);p_{plenum} 为多孔壁面处的
压力。

　　孔隙率分别为 0%、5%、10%、40% 时的壁面压力系数 C_p 分布、流向速度分量
u 与法向速度分量 v 见图 2.7(马赫数 0.74、三维、有黏、定常数值模拟结果、网格
数量为 4.2×10^5 个)。由图可知,随着孔隙率增大,壁面压力系数降低。

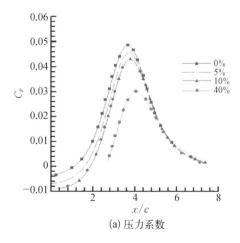

(a) 压力系数

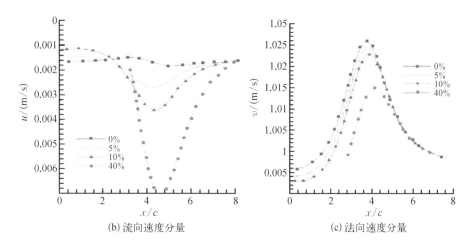

(b) 流向速度分量   (c) 法向速度分量

图 2.7   孔隙率分别为 0%、5%、10%、40%时的壁面压力系数分布、流向速度分量和法向速度分量

2.3   上壁面型线设计

前期工作表明,在马赫数为 1.2~1.4 的流场条件下,激波/边界层干扰会导致流动分离并诱发激波振荡。但上壁面处的激波/边界层干扰导致波前马赫数降低,实验中的激波可能为定常状态。为了实现更高的波前马赫数,UoL 将实验段上壁面设计为一种型面构型,URANS 结果表明采用这种型面壁面能够消除上壁面的影响。为了解决流场中的平均流不稳定问题,采用一种单步方法[10],设计多种壁面型线,综合考虑对高波前马赫数的需求,选择一种可行的方案,结果见图 2.8。

在马赫数 0.77~0.8 的来流条件下,应用图 2.8 中的"壁面型线 6"开展数值模拟,得到的超声速流场结果见图 2.9,结果表明可以获得较大区域的超声速流场,因此选择"壁面型线 6"参数修改实验段上壁面。

型面壁面条件下的风洞实验与数值结果见表 2.1,在马赫数 0.77 来流条件下,采用数值方法预测流场中的最大马赫数为 1.365,与实验结果非常接近,激波位于 77.4% 弦长处,上壁面附近的马赫数为 0.88。因此,可以判定这类干扰仍是跨声速流场中的激波/边界层干扰,流场中存在流动分离区,凸起壁面上方是亚声速流动。

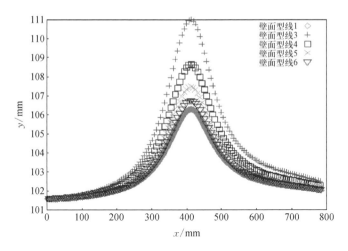

图 2.8   QUB 实验壁面型线结果

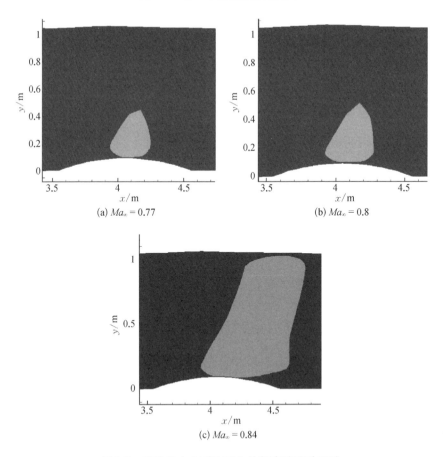

图 2.9   实验段中心对称面上的超声速流动区域

表 2.1　型面壁面条件下的风洞实验与数值结果

型　　线	Ma	Ma_{max}	激波位置/%弦长	上壁面最大马赫数	超声速区高度
型线 5	0.77	1.32	73.5	0.83	43.6 mm
型线 5	0.8	1.43	82.0	0.93	80.0 mm
型线 6	0.77	1.365	77.4	0.88	53.7 mm
型线 6	0.8	1.475	86.0	1.1	到达上壁面

实验结果见图 2.10,其中图 2.10(a)中 Bh 为以凸起壁面平直段为基准的凸起壁面高度,Xr 为以凸起壁面平直段为基准的型面壁面高度。通过对比多孔壁面和型面无孔壁面的结果发现,两种构型条件下的马赫数分布特征相似,且纹影结果表明,采用型面壁面达到了预想的效果。

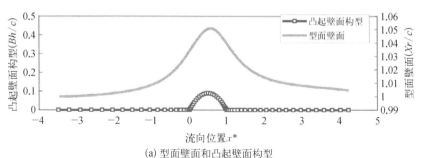

(a) 型面壁面和凸起壁面构型

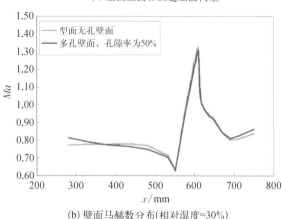

(b) 壁面马赫数分布(相对湿度=30%)

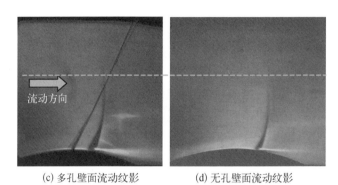

(c) 多孔壁面流动纹影   (d) 无孔壁面流动纹影

图 2.10   风洞实验中的型面壁面与凸起壁面构型及壁面上的马赫数分布

2.4   数值模拟方法和网格生成

IMFT 应用 NSMB 求解器开展数值模拟研究,该求解器使用多块结构网格;基于消息传递接口(message passing interface,MPI)协议开展并行运算[11];时间方向采用双时间步和三阶 Runge‐Kutta 方法,空间离散采用带有 van‐Leer 限制器的隐式 Roe 方法,黏性通量的离散采用中心差分方法;求解器含有多种湍流模型及 OES 选项。

UoL 使用并行多块(parallel multi-block,PMB)求解器,采用多块结构方法及隐式时间推进方法,并应用预处理的广义共轭梯度(generalized conjugate gradient,GCG)方法求解线性方程。对于非定常流动,采用基于伪时间积分方法的隐式双时间步进行推进[12]。

研究构型分为多孔壁面和型面无孔壁面两类,计算网格由 UoL 生成并提供给其他研究单位,在激波/边界层干扰区附近进行网格加密与优化,且都考虑了侧壁面网格,主要网格参数见表 2.2(表中"√"表示对该项开展了数值模拟),下壁面第一层网格 $y^+ = 0.9$,凸起壁面附近的网格处,Δx^+ 和 Δy^+ 均约等于 10。

将计算域划分为简单的多块结构,在 64 个中央处理器(central processing unit,CPU)上并行运行,各 CPU 之间的负载差异小于 5%。实验段上壁面多孔壁面卡槽模块位置及网格拓扑见图 2.11,该网格对卡槽起到了很好的保形。

表 2.2 针对 QUB 实验的数值模拟

控　制	计算域	网格数量/百万	多孔壁面	型面无孔壁面
无	完整	0.9	√	√
		3.2	√	√
		7.9	√	√
	简化	0.5	√	√
		2.5	√	√
		7.0	√	√
有	简化	0.9		√

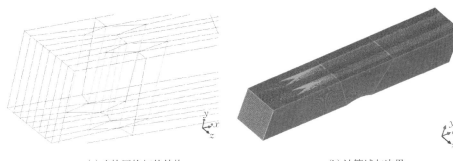

(a) 多块网格拓扑结构　　　　　　　　(b) 计算域与边界

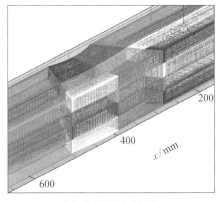

(c) 型面壁面上的网格

图 2.11　实验段上壁面多孔壁面卡槽模块位置及网格拓扑

此外,项目初期曾计划在 QUB 风洞应用合成射流方法开展流动控制方法与技术研究,即在激波上游设置合成射流发生装置[13],见图 2.12。

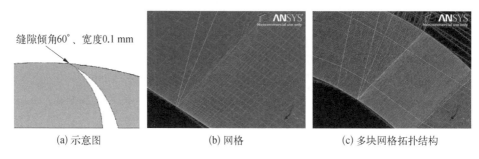

（a）示意图   （b）网格   （c）多块网格拓扑结构

图 2.12   风洞流场施加流动控制

2.5   边界条件

针对实验段内的激波/边界层干扰流场,开展侧壁影响研究,并评估 URANS 方法的适用性。对于型面壁面边界条件,在数值模拟中分别将实验段设置为有侧壁和对称边界条件两种情形,结果表明两种边界条件下的流场结构存在显著差异(结果见图 2.13,图中阴影区域为速度$-0.01U_\infty$等值面),结合文献中的研究结果[13],后续的数值模拟工作中不应使用对称边界条件。

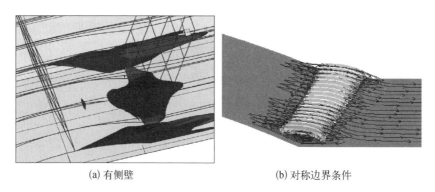

（a）有侧壁   （b）对称边界条件

图 2.13   有侧壁和对称边界条件下的流动分离区结构

除了研究侧壁影响之外,还开展了下游出口条件对实验段流场影响的数值模拟研究。在风洞实验中,通过在实验段下游设置楔块来调节流场参数;数值模拟中,通过调节出口边界的压力来模拟激波位置,结果表明,采用数值方法能够捕捉流场中的主要结构与特征,见图 2.14(QUB 算例使用壁面型线 6,采用黏性求解器,$k-\omega$ 湍流模型,三维计算域)。

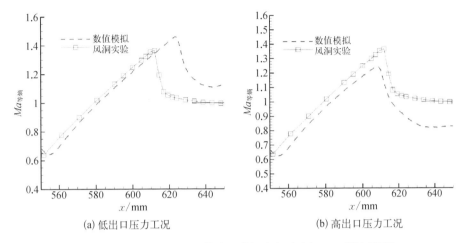

(a) 低出口压力工况   (b) 高出口压力工况

图 2.14 型面壁面构型的等熵马赫数分布对比($k-\omega$ 湍流模型)

对于多孔壁面构型,数值模拟与风洞实验结果之间的一致性较差,且采用多孔壁面开展风洞实验时,实验段内湿度偏高,因此后续研究工作中不再针对多孔壁面构型开展数值模拟研究。

2.6 实验结果

在湿度较低的流场条件下,流场中最高马赫数约为 1.38,实验段内的等熵马赫数分布见图 2.15。

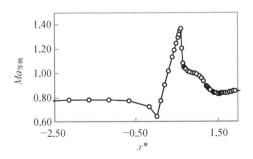

图 2.15 低湿度流场条件下实验段内的等熵马赫数分布

采用油流和陶土开展流动显示实验,结果表明激波下游存在流动分离区,实验段侧壁处存在拐角涡结构,油流实验结果与流场结构示意图见图2.16。

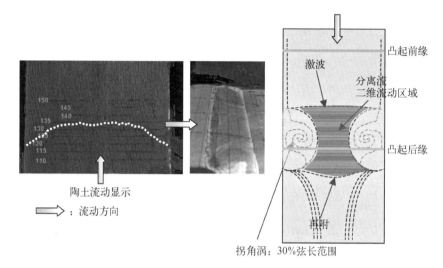

图 2.16 流动分离区域的油流实验结果与流场结构示意图

纹影结果表明,激波具有振荡特征,且振荡频率较高,结合压力传感器测量结果估算激波振荡频率约为 350 Hz,结果见图 2.17 和图 2.18。

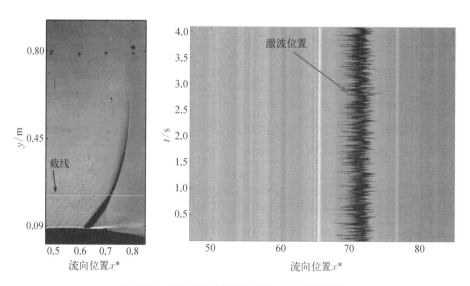

图 2.17 基于纹影结果获得的时序激波位置

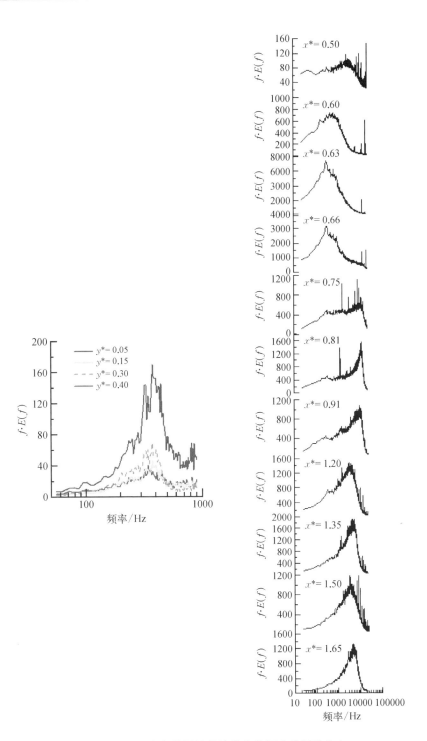

图 2.18　不同流向位置处激波非定常振荡的频谱分布

2.7　URANS 数值模拟结果

可应用 URANS 方法及多种湍流模型开展数值模拟研究,例如,UoL 应用标准 k - ω 模型[14]、新 k - ω 模型[14]及三阶雷诺应力非线性涡流黏度模型(nonlinear eddy viscosity model,NLEVM)[15]等。图 2.19 展示了采用数值模拟方法预测的等熵马赫数分布和流动分离区特征(QUB 算例使用壁面型线 6,采用黏性求解器,k - ω 湍流模型,三维计算域),总的来说,几种湍流模型均能够理想地预测流动分离现象。但是,无论怎样设置时间步长及优化网格,采用 URANS 方法都无法预测风洞实验中观测到的激波振荡现象。

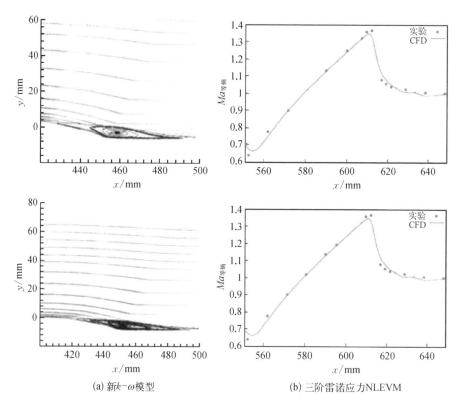

(a) 新 k - ω 模型　　　　(b) 三阶雷诺应力 NLEVM

图 2.19　下壁面中心线处的等熵马赫数分布和流动分离区特征

展向中心截面及展向四分之一位置处的马赫数分布见图 2.20,两个截面上的流场结构均表明流场中存在流动分离区域。如 2.5 节介绍,实验段侧壁附近

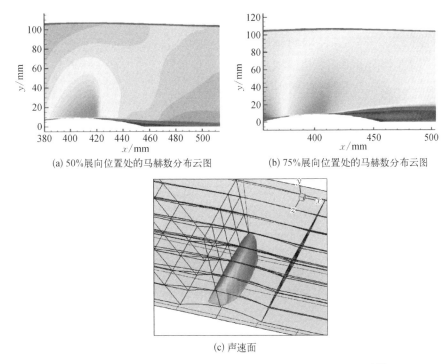

(a) 50%展向位置处的马赫数分布云图　　(b) 75%展向位置处的马赫数分布云图

(c) 声速面

图 2.20　应用新 k - ω 模型获得的马赫数分布云图与声速面[14]

的拐角流动非常复杂,在流向方向不断发展与演化,采用数值方法很难对其实现准确预测。

　　QUB 实验中的流场显示结果与数值模拟结果对比见图 2.21。基于数值模拟结果,提取 3 个流向位置处的马赫数与速度场分布,结果表明在凸起壁面的前

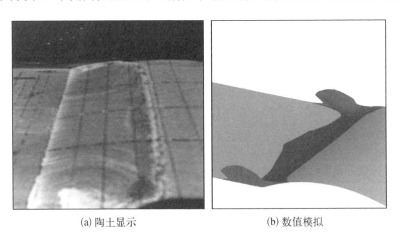

(a) 陶土显示　　　　　　　　　(b) 数值模拟

图 2.21　半翼型尾缘分离流的实验结果与数值模拟结果对比

半部分,侧壁处的拐角涡结构已经对整个流场产生显著影响,且向下游进一步发展,见图 2.22。在拐角流动的作用下,中心线区域的流动分离区尺寸也随之变大。表 2.3 列出了采用数值模拟与风洞实验结果获得的流动分离点与再附点位置($x^* = 1$ 表示凸起壁面构型尾部)。

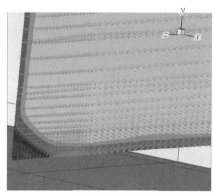

(a) 凸起壁面中部   (b) 凸起壁面后部

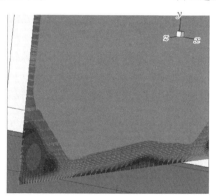

(c) 流动再附点前

图 2.22 采用 URANS 方法获得的流场[14](新 $k - \omega$ 模型)

表 2.3 数值模拟与风洞实验获得的流动分离点与再附点位置

方　　法	流动分离点位置 x^*	再附点位置 x^*
实验测量方法 1	0.64	1.40
实验测量方法 2	0.63	1.32
URANS($k - \omega$)	0.65	1.48
LES(平均流场)	0.62	1.49(1.42~1.51)

　　IMFT 采用其他湍流模型开展数值模拟研究,如 Spalart - Allmaras 模型[16]、Abe - Jang - Leschziner 模型[17]等,结果见图 2.23,这些模型均比较理想地预测了拐角和中心区域的流动分离,且声速面的形态与 UoL 的研究结果相似。

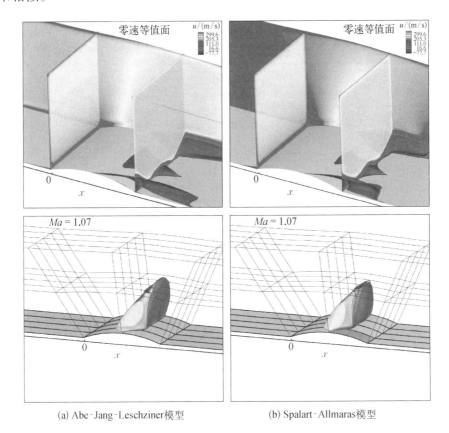

(a) Abe‑Jang‑Leschziner模型　　　　　　(b) Spalart‑Allmaras模型

图 2.23　Abe - Jang - Leschziner 模型与 Spalart - Allmaras 模型的模拟结果

　　应用 Abe - Jang - Leschziner 模型的数值结果见图 2.24[17],速度分量与速度分布云图结果表明,拐角涡结构随着分离区尺寸增大而增大。在侧壁面附近,拐角流动逐渐占据主导地位,其最大尺寸比中心流区域的流动分离尺寸还要大。

　　展向中心截面与展向四分之一截面处的压力 p 分布见图 2.25,结果表明,采用 Spalart - Allmaras 模型能够准确预测激波位置。

　　采用 Abe - Jang - Leschziner 模型获得的压力分布结果见图 2.26,由图可知,采用该模型也无法捕捉激波的非定常振荡。

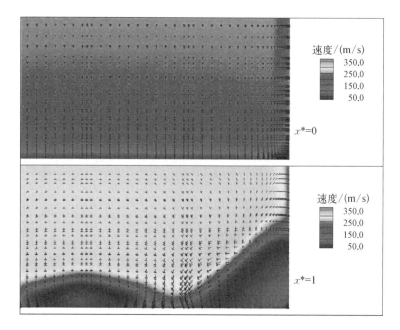

图 2.24　凸起壁面前缘(上)和尾部处(下)展向截面的
速度分布(Abe‑Jang‑Leschziner 模型)

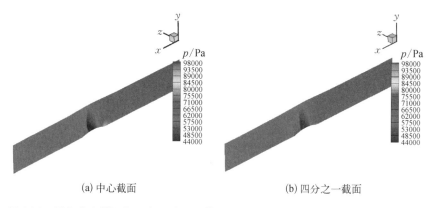

(a) 中心截面　　　　　　　　　　　　(b) 四分之一截面

图 2.25　展向中心截面与展向四分之一截面处的压力分布(Spalart‑Allmaras 模型)

　　壁面压力系数分布见图 2.27,由图可知,几种湍流模型均能够刻画出激波上游流场的主要特征,但对分离区和再附区的预测结果存在一定差异。总的来说,采用 URANS 方法能够捕捉到大部分流动现象,但无法预测激波的非定常振荡特征。因此,后续工作中使用 LES 方法和 OES 方法开展进一步研究。

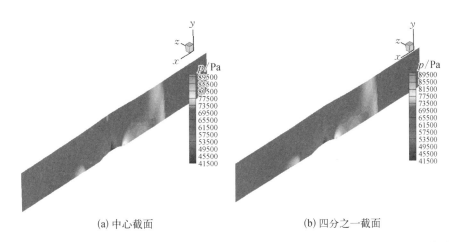

(a) 中心截面　　　　　　　　　　　　　(b) 四分之一截面

图 2.26　展向中心截面与展向四分之一截面处的压力分布(Abe－Jang－Leschziner 模型)

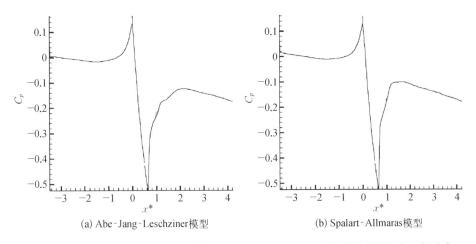

(a) Abe‐Jang‐Leschziner模型　　　　　　　(b) Spalart‐Allmaras模型

图 2.27　**Abe－Jang－Leschziner 模型和 Spalart－Allmaras 模型的壁面压力系数分布**

2.8　流动控制研究

为了实现削弱激波、减小流动分离尺寸、调控激波非定常振荡的目的,应用数值模拟研究合成射流的流动控制方法[18–21]。流体从激波上游的狭缝中射出,狭缝在流动方向的长度为 0.5 mm,宽度约为两侧壁之间的距离,射流方向与竖直方向呈 60° 夹角。射流速度可在 0.5%~2% 倍自由来流速度范围内调节,频率为 10~500 Hz。对射流附近区域的网格进行优化,提高数值模拟的空间分辨率,捕捉射流出口附近形成的漩涡结构。

合成射流控制的构型数值模拟示意图见图 2.28。UoL 应用并行多块求解器中基于超限插值方法的网格变形技术,模拟射流腔室下壁面的振动,研究幅值与频率的影响,结果表明,振荡频率约为 100 Hz 时,在射流发生器下游持续生成漩涡结构,结果见图 2.29。

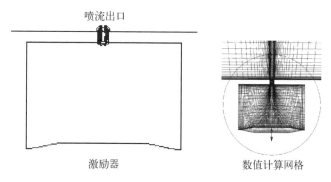

图 2.28　合成射流控制的构型数值模拟示意图

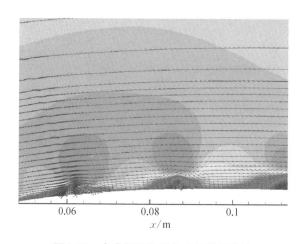

图 2.29　合成射流作用生成的漩涡结构

流动控制作用下的射流腔室出口速度分布见图 2.30(图中 v_{cl} 表示射流发生器射流速度,即中心喷流速度)。后续开展流动控制的数值模拟研究时,以该速度场作为边界条件,不必再模拟合成射流激励器的细节。

根据数值模拟结果,当射流腔室下壁面振动频率低于 100 Hz 时,即使喷流

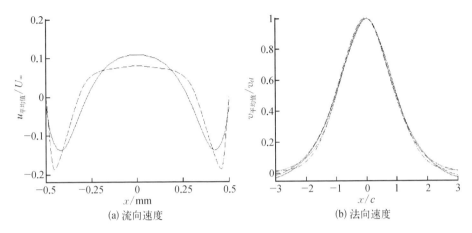

(a) 流向速度　　　　　　　　(b) 法向速度

图 2.30　流动控制作用下的射流腔室出口速度分布(QUB 风洞实验条件)

出口速度较大,合成射流对主流的影响仍很微弱。当振动频率为 350 ~ 500 Hz 时,即使射流速度仅为 1% U_∞,也能够对流场产生显著作用。

应用 $k-\omega$ 模型模拟无喷和喷流条件下的流场结构,与无喷条件的风洞实验结果对比,马赫数峰值和分离区都有所减小,见图 2.31。从结果来看,合成射流控制可能影响激波结构,但需进一步研究确定能够有效削弱激波强度的具体流动控制参数。

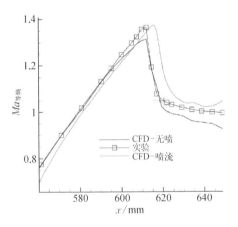

图 2.31　无喷与喷流条件下的实验与数值结果

2.9　LES 和 OES 结果

2.7 节中的研究结果表明,采用 URANS 方法能够模拟跨声速流场中激波/边界层干扰的时均流动特征,但对非定常性的模拟能力不足。因此,本节使用基于壁函数的 LES 方法开展数值模拟研究。首先,采用较粗的网格进行流场模拟,评估 LES 方法的有效性,网格信息见表 2.2。激波下游处(凸起壁面尾部附近)的压力脉动与速度脉动曲线见图 2.32,其中计算总时间为流动经过凸起壁面特征时间的 100 倍,并对最后三个周期的时间信号取平均。分析风洞实验结果表明,激波具有振荡特性,振荡频率为 325 ~ 400 Hz。因此,在数值模拟中,不仅要有高质量的网格,还需要小时间步长、长计算时间的条件来获得足够的时序信号。

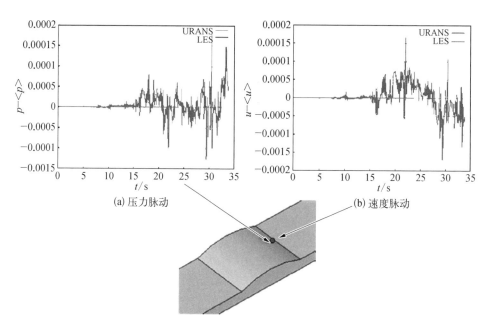

(a) 压力脉动　　　　　　　　　　　(b) 速度脉动

图 2.32　基于壁函数的 LES 数值模拟结果

对激波/边界层干扰的非定常性开展文献调研[22-26],Pearcey 等[24,25]对风洞实验中的非定常流动开展了系统研究,认为是激波波后两个流动分离区的相互作用诱发了非定常流动,流场结构示意见图 2.33。

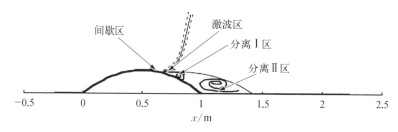

图 2.33　激波与流动分离区域之间的相互作用示意图[24,25]

下面介绍应用 LES 方法开展数值模拟研究的情况。首先,对干扰区壁面附近的流场作分区处理,如图 2.34 所示,流向、法向和展向的网格数量分别为 432×135×120 个。

根据 Erlebacher 等的研究结果,使用可压缩 Smagorinsky 模型[27]。采用 Favre 滤波的黏性应力张量:

$$\bar{\tau}_{ij} = \mu \left(2\tilde{S}_{ij} - \frac{2}{3}\tilde{S}_{kk}\delta_{ij} \right)$$

图 2.34　数值模拟中的流场分区方法(LES)

亚格子黏性应力模型:

$$\bar{\tau}_{ij}^{\mathrm{SGS}} = \mu_t \left(2\tilde{S}_{ij} - \frac{2}{3}\tilde{S}_{kk}\delta_{ij} \right) - \frac{2}{3}\bar{\rho}\, k_{\mathrm{SGS}}\delta_{ij}$$

式中,

$$\tilde{S}_{ij} = \frac{1}{2}\left(\frac{\partial \tilde{u}_i}{\partial x_j} + \frac{\partial \tilde{u}_j}{\partial x_i} \right)$$

$$\mu_t = C_R\,\bar{\rho}\Delta^2\sqrt{\tilde{S}_{ij}\tilde{S}_{ij}}\ , \quad \Delta = \sqrt[3]{\Delta x \Delta y \Delta z}$$

Nicoud 等[28]对涡黏系数 μ_t 进行了修正:

$$\mu_t = \bar{\rho}(C_w\Delta)^2\, \frac{\sqrt{(S_{ij}^d S_{ij}^d)^3}}{\sqrt{(S_{ij}^d S_{ij}^d)^5} + \sqrt{(S_{ij}^d S_{ij}^d)^5}}$$

$$S_{ij}^d = \frac{1}{2}\left(\frac{\partial \tilde{u}_i}{\partial x_k}\frac{\partial \tilde{u}_k}{\partial x_j} + \frac{\partial \tilde{u}_j}{\partial x_k}\frac{\partial \tilde{u}_k}{\partial x_i} \right) - \frac{1}{3}\frac{\partial \tilde{u}_n}{\partial x_k}\frac{\partial \tilde{u}_k}{\partial x_n}\delta_{ij}$$

$$\bar{\tau}_{ij}^{\mathrm{SGS}} = \mu_t \left(2\tilde{S}_{ij} - \frac{2}{3}\tilde{S}_{kk}\delta_{ij} \right) - \frac{2}{3}\frac{C_l^n}{\bar{\rho}}\left(\frac{\mu_t}{\Delta} \right)^2\delta_{ij}$$

$$k_{\mathrm{SGS}} = C_l\Delta^2\tilde{S}_{ij}\tilde{S}_{ij}, \quad q_i^{\mathrm{SGS}} = -c_p\frac{\mu_t}{Pr}\frac{\partial \tilde{T}}{\partial x_i}$$

$$C_l^n = 45.8, \quad C_R = 0.012, \quad C_l = 0.006\,6$$

式中,上角标-表示时间平均变量;上角标~表示 Faver 平均变量;Δ 表示网格尺度;Δx、Δy、Δz 分别表示 x、y、z 方向的网格尺度;μ_t 表示涡黏系数;i、j、k、n 表示遍历序号;Pr 表示普朗特数;c_p 表示比定压热容。

采用 Temmerman 提出的方法设置边界条件[29],将来流边界噪声量级设置为 0.2% 倍自由来流动能,对下游边界条件的设置参见文献[26]。空间离散采用四阶中心格式,时间步长 $\Delta t = 10^{-5}\,s$,共模拟了 0.3 s 的流场,并使用其中约 0.2 s

的流场信息与实验结果进行对比。采集流向方向不同位置处的压力信号,应用这些信号生成了 100 个本征正交分解(proper orthogonal decomposition,POD)模态,用于流场重构。此外,其他学者在相似流场条件下开展了实验与数值模拟研究[23,26],部分结果见图 2.35。

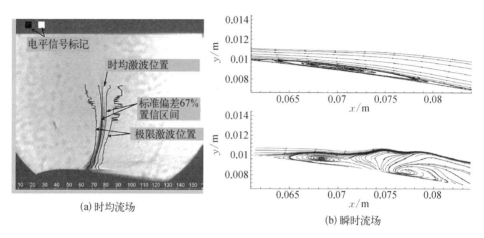

(a) 时均流场　　　　　　　　(b) 瞬时流场

图 2.35　激波/边界层干扰流场纹影结果与数值模拟结果

对流场中两流向位置处的雷诺应力进行展向相关性分析,结果见图 2.36。由图可知,随着展向距离增大,流场展向速度分量<$w'w'$>迅速衰减为负值,流向速度分量<$u'u'$>则平缓减小(不可压缩流体力学中速度脉动平方值和雷诺应力具有完全一致的行为)。

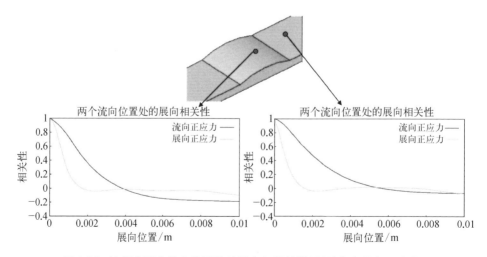

图 2.36　流场中两个流向位置处的展向相关性结果(流向和展向正应力)

　　图 2.37 和图 2.38 展示了风洞实验中传感器测得的脉动压力信号与数值模拟结果,其中信号时长为 0.1 s,采样频率为 1kHz,SPL 表示声压级。结果显示,风洞实验与数值模拟结果的主要特征基本一致,所应用的壁模型 LES 方法能够捕捉激波干扰流场的主要物理过程。

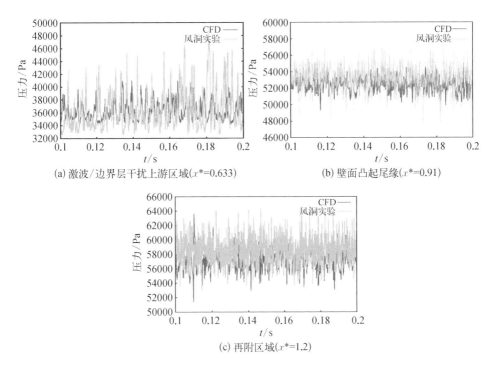

(a) 激波/边界层干扰上游区域(x^*=0.633)

(b) 壁面凸起尾缘(x^*=0.91)

(c) 再附区域(x^*=1.2)

图 2.37　三个流向位置的壁面非定常压力信号的风洞实验与数值模拟结果(时域)

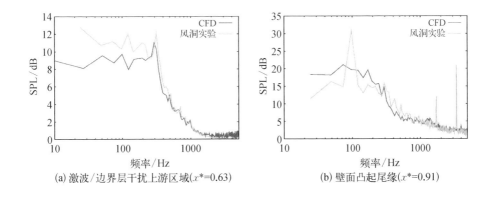

(a) 激波/边界层干扰上游区域(x^*=0.63)

(b) 壁面凸起尾缘(x^*=0.91)

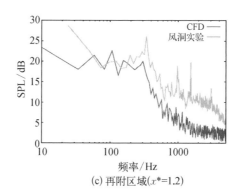

(c) 再附区域(x^*=1.2)

图 2.38   三个流向位置的壁面非定常压力信号的风洞实验与数值模拟结果(频域)

流场中的局部流线见图 2.39。基于某一时刻的瞬态流线来看,流场中存在多个涡结构。对流场结构作时均后,激波下游存在一个较规整的流动分离区,其结构与文献[26]的结果相似。此外,壁面中心线上的等熵马赫数分布见图 2.40,由图

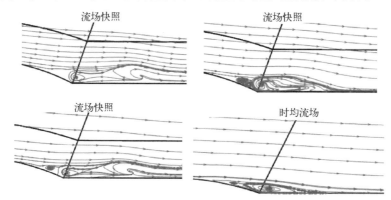

图 2.39   数值模拟结果中的瞬态流线结构与时均流线结构

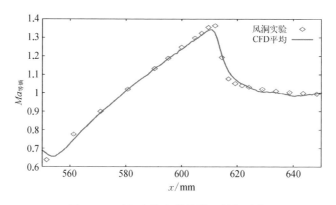

图 2.40   壁面中线上的等熵马赫数分布

可知,数值模拟与风洞实验结果相近。

应用 POD 重构方法得到的压力分布和速度等值面见图 2.41,其中中间部分为压力云图,基于 $-0.01U_\infty$ 画出的等值面表征流动分离区。LES 方法数值模拟结果表明,流动分离区的形态与尺寸随时间变化,与 URANS 方法的数值模拟结果相比,其预测的拐角处分离区尺寸偏小。图 2.42 展示了 URANS 方法和 LES 方法预测的流场特征,两种方法获得的激波结构相似。

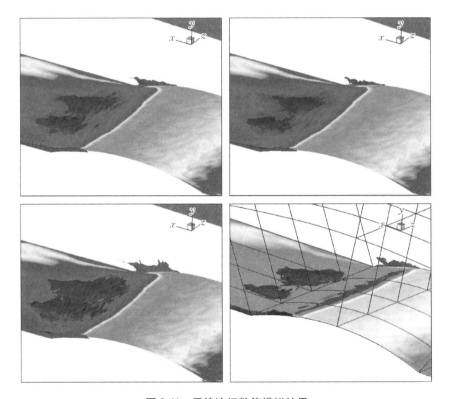

图 2.41　干扰流场数值模拟结果

对重构后的流场进行 200~500 Hz 频段滤波,结果见图 2.43(图中显示的是 300~400 Hz 部分)。激波脚上游及凸起壁面尾部流动结构的特征频率与实验中观测到的激波振荡的频率范围接近。激波脚下方存在一个较小尺寸的流动分离区,分离涡结构沿流向运动,最终与下游较大尺寸的分离区合并。

除了应用 LES 方法的数值模拟研究外,IMFT 提出可将 OES 方法作为 URANS 方法的替代手段[9],该方法能够模拟干扰流场内的流动结构,但由于其计算成本较高,项目中仅应用该方法开展了一个算例的数值模拟工作。

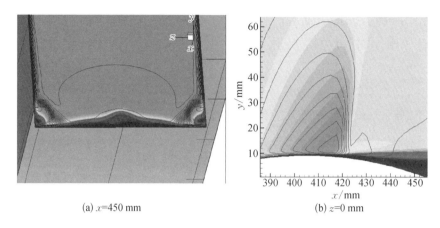

(a) x=450 mm   (b) z=0 mm

图 2.42 k-ω-URANS(云图)和 LES(实线)数值模拟结果对比

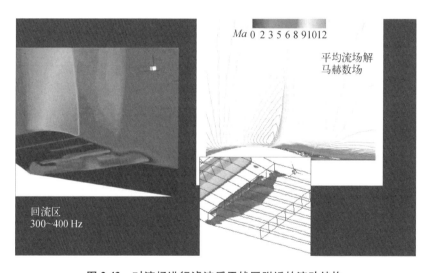

图 2.43   对流场进行滤波后干扰区附近的流动结构

OES 方法预测的中心截面上的时均压力与脉动压力均方根分布见图 2.44,由图可知,时均压力分布与 URANS 方法数值结果存在差异,其预测的激波强度更高,且激波结构一直延伸至风洞上壁面。

采用 OES 方法获得的流场非定常结果见图 2.45,位于干扰区内的 47 号监测点的时序压力信号表明:无量纲时间为 0.08 时,信号幅值增大,速度脉动与压力脉动时序信号也随之增强。0.66c 和 0.81c 位置处的压力信号和频谱分布见图 2.46,傅里叶变换结果表明其峰值约在 350 Hz 处。

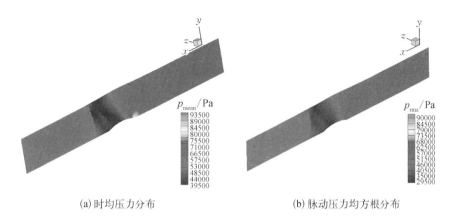

(a) 时均压力分布　　　　　　　　　　(b) 脉动压力均方根分布

图 2.44　中心截面上的压力场分布（OES 方法）

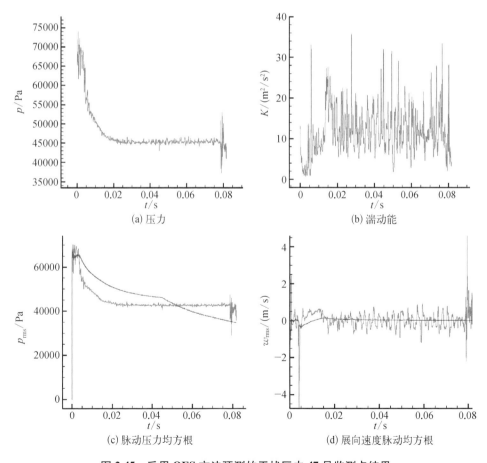

(a) 压力　　　　　　　　　　　　　　(b) 湍动能

(c) 脉动压力均方根　　　　　　　　　(d) 展向速度脉动均方根

图 2.45　采用 OES 方法预测的干扰区内 47 号监测点结果

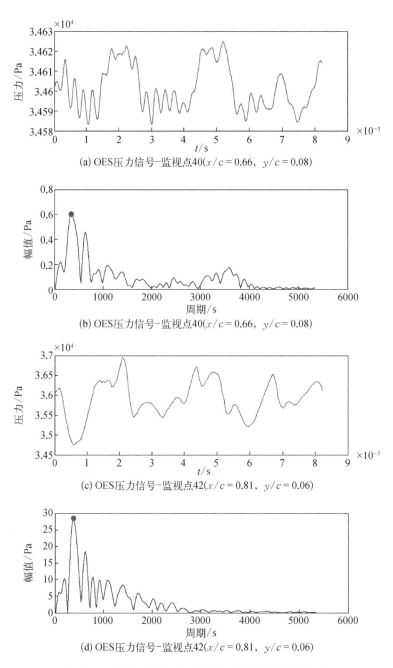

(a) OES压力信号-监视点40($x/c = 0.66$，$y/c = 0.08$)

(b) OES压力信号-监视点40($x/c = 0.66$，$y/c = 0.08$)

(c) OES压力信号-监视点42($x/c = 0.81$，$y/c = 0.06$)

(d) OES压力信号-监视点42($x/c = 0.81$，$y/c = 0.06$)

图 2.46 采用 OES 方法得到的压力信号及频谱分布

2.10　总结与下一步工作

经过一年时间的研究,UoL 取得了丰富的研结果,为 UFAST 项目提供了大量数据。在数值模拟研究中,未能捕捉到激波振荡现象,但对流动分离、激波强度、壁面压力分布的预测结果中,URANS 方法与风洞实验结果之间呈现出较好的一致性。总的来说,UoL 应用 URANS 方法无法准确预测激波振荡,对拐角流动的模拟也不够准确。

面向跨声速激波/边界层干扰的 LES 方法尚不成熟,在模拟拐角流动时采用了基于壁模型 LES 的分区方法,数值模拟结果为后续研究奠定了良好的基础。从 QUB 的风洞实验结果来看,跨声速激波/边界层干扰的非定常特性是由激波波后流动分离诱发的。此外,本章还使用了 OES 方法对非定常流动特性进行预测。

在流动控制研究方面,应用 URANS 方法针对合成射流流动控制进行初步探索,但未开展实验研究,数值模拟结果表明,若要在边界层中形成稳定的流动结构,需施加较高频率的合成射流。

在后续的研究工作中,计划对更低雷诺数条件下的激波/边界层干扰问题开展 LES 数值模拟研究,并加强与风洞实验结果之间的对比分析。目前,在风洞实验中主要得到了时序压力信号,还需要进一步发展非定常流动测量与诊断技术(如 PIV 等),以更好地与数值模拟结果进行对比。

参考文献

[1] Barakos G, Drikakis D. Numerical simulation of buffeting flows using various turbulence closures. International Journal of Heat and Fluid Flow, 2000, 21(5-6): 620-626.

[2] Chung K M. Unsteadiness of transonic convex flows. Experiments in Fluids, 2004, 37: 917-922.

[3] Levy L L. Experimental and computational steady and unsteady transonic flows about a thick airfoil. AIAA Journal, 1976, 16(6): 564-572.

[4] Delery J, Marvin J G. Shock-wave boundary layer interactions, north atlantic treaty organization. Advisory Group for Aerospace Research and Development, 1986.

[5] Johnson D A, Horstman C, Bachalo W D. Comparison between experiment and prediction for a transonic turbulent separated flow. AIAA Journal, 1982, 20: 737-744.

[6] Delery J. Shock wave / turbulent boundary layer interaction and its control. Progress in

Aerospace Science, 1985, 22: 209 - 228.

[7] Barakos G, Drikakis D. Assessment of various low-Reynolds number turbulence models in shock-boundary layer interaction. Computer Methods in Applied Mechanics and Engineering, 1998, 160(1 - 2): 155 - 174.

[8] Huang J C, Gault R I, Benard E, et al. Effect of humidity on transonic bump flow. Journal of Aircraft, 2008, 45(6): 2092 - 2099.

[9] Castro B M, Jones K D, Ekaterinaris J A, et al. Analysis of the effect of porous wall interference on transonic airfoil flutter. 31st AIAA Fluid Dynamics Conference and Exhibit, Anaheim, 2001.

[10] Amecke J. Direct calculation of wall interferences and wall adaption for two dimensional flow in wind tunnels with closed walls. NASA Technical Memorandum TM 88523, 1986.

[11] Martinat G, Braza M, Hoarau Y, et al. Turbulence modelling of the flow past a pitching NACA0012 airfoil at 105 and 106 Reynolds numbers. Journal of Fluids and Structures, 2008, 24(8): 1294 - 1303.

[12] Jameson A. Computational algorithms for aerodynamic analysis and design. Applied Numerical Mathematics, 1933, 13(5): 383 - 422.

[13] Huang J C, Benard E. Report on WP - 2 basic experiments data-bank input UFAST deliverable D2.1.7, 2007.

[14] Wicox D C. Turbulence modelling for CFD. 3rd ed. Anaheim: DCW Industries, 2006.

[15] Stefan W, Johansson A V. An explicit algebraic Reynolds stress model for incompressible and compressible turbulent flows. Journal of Fluid Mechanics, 2000, 403: 89 - 102.

[16] Spalart P R, Allmaras S R. A one-equation turbulence model for aerodynamic flows. La Recherche Aerospatiale, 1994(1): 5 - 21.

[17] Abe K, Jang Y J, Leschziner M A. An investigation of wall-anisotropy expressions and length-scale equations for non-linear eddy-viscosity models, 2003, 24(2): 181 - 198.

[18] Kral L D, Donovan J F, Cain A B, et al. Numerical simulation of synthetic jet actuators. AIAA Paper 97 - 1824, 1997.

[19] Rizzetta D P, Visbal M R, Stanek M J. Numerical investigation of synthetic-jet flowfields. AIAA Journal, 2015, 37: 919 - 927.

[20] Seifert A, Greenblatt D, Wygnanski I J. Active separation control: an overview of Reynolds and Mach numbers effects. Aerospace Science and Technology, 2004, 8(7): 569 - 582.

[21] Glezer A, Amitay M. Synthetic jets. Annual Review of Fluid Mechanics, 2003, 34(1): 503 - 529.

[22] Liu X, Squire L C. An investigation of shock/boundary-layer interactions on curved surfaces at transonic speeds. Journal of Fluid Mechanics, 2006, 187(1): 467 - 486.

[23] Bron O. Numerical and experimental study of shock boundary layer interaction in unsteady transonic flow. Royal Institute of Technology, 2003.

[24] Pearcey H H. Some effects of shock-induced separation of turbulent boundary layers in transonic flow past aerofoils, Aeronautical research council reports and memoranda, London, 1959.

［25］ Pearcey H H, Osborne J, Haines A B. The interaction between local effects at the shock and rear separation—a source of significant scale effects in wind-tunnel tests on aerofoils and wings. In: AGARD CP－35, Transonic aerodynamics, Paris, 1968.

［26］ Wollblad C, Davidson L, Eriksson L E. Large eddy simulation of transonic flow with shock wave/turbulent boundary layer interaction. AIAA Journal, 2006, 44(10): 2340－2353.

［27］ Erlebacher G, Hussaini M Y, Speziale C G, et al. Toward the large-eddy simulation of compressible turbulent flows. Journal of Fluid Mechanics, 1990, 238(238): 155－185.

［28］ Nicoud F, Ducros F. Subgrid-scale stress modelling based on the square of the velocity gradient tensor. Flow Turbulence and Combustion, 1999, 62(3): 183－200.

［29］ Temmerman L. A-priori studies of a near-wall rans model within a hybrid LES/RANS scheme. Engineering Turbulence Modelling and Experiments, 2002: 317－326.

第3章

双圆弧翼型上的激波/边界层干扰
Stefan Leicher

UFAST 项目的总体目标是推进激波/边界层干扰非定常性的实验与数值模拟研究,满足航空工业领域的需求。在欧盟开展的其他项目中,曾对跨声速和超声速流动中的激波/边界层干扰问题开展研究,但未对其非定常流动特性进行深入研究。随着实验技术和数值方法的持续发展,具备了对该问题开展系统研究的能力。

本章主要研究双圆弧翼型的激波振荡问题,参研单位有 EADS、IMFT 和 INCAS。其中。INCAS 负责开展风洞实验和数值模拟,EADS 和 IMFT 负责数值模拟。数值模拟方面,采用基于结构网格和非结构网格的 URANS 方法、DES 方法和 LES 方法,见表 3.1。核心研究人员: Leicher S、Barbut G、Braza M、Nae C、Munteanu F 和 Pricop M V。

表 3.1 各参研单位采用的数值模拟程序和湍流模型

参 研 单 位	程　　序	模　　型
EADS	TAU	SAE、SAE − DDES
IMFT	NSMB	SA
INCAS	DxUNSp	两方程 $k - \varepsilon$、LES

3.1 简介

飞机机翼上的激波振荡可能引起机体的抖振,并进一步导致诸多负面影响,如乘坐舒适度降低、飞机使用周期变短及产生结构疲劳等。因此,在飞机设计过程,期望能够准确预测发生抖振的条件。

本章针对对称双圆弧翼型,在 INCAS 跨声速风洞(1.2 m×1.2 m)中开展实验研究。在机翼后缘处形成的强激波作用下,边界层变厚并发生分离,迫使激波向上游移动。激波强度随之减弱且逆压梯度也随之降低,分离区逐渐减小、消失,流动再次附着在壁面上,这就是激波振荡的一个周期。

3.2 风洞实验

风洞实验在 INCAS 的 1.2 m×1.2 m 跨声速风洞中开展,实验条件为马赫数 0.76、雷诺数 $6.78×10^6$、攻角为 1°,与 McDevitt 和 Tijdeman 的研究条件相近,以便对风洞实验结果与数值模拟结果进行对比。此外,INCAS 在多孔壁面条件下开展了风洞实验研究。

3.2.1 实验段主要参数和测试技术

流场马赫数为 0.7~0.9,实验构型为跨声速双圆弧翼型,模型展向宽度为 800 mm,弦长为 400 mm,相对厚度为 18%,模型下表面与 ϕ72 mm 刚性支杆相连。模型具体尺寸及表面压力测点(用圆圈表示)、合成射流喷口(SJ1~5)的位置见图 3.1,

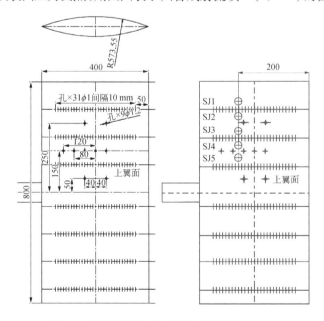

图 3.1 实验模型的几何外形参数(单位: mm)

实验模型表面有 7 条测量线、217 个测
点,可根据需求安装压力扫描阀、Kulite
压力传感器和合成射流激励器等。

INCAS 风洞实验段照片见图 3.2,
在亚声速流场下,实验段上壁面和下壁
面呈略微扩张的几何形状。

3.2.2 实验计划

UFAST 双圆弧翼型模型实验计划
见表 3.2。

图 3.2 实验段内的翼型模型

表 3.2 UFAST 双圆弧翼型模型实验计划

编号	实验时间	车　次	实 验 目 的	仪　　　器
1	2007.02	7406～7427	纹影显示	纹影仪
2	2007.06	7428～7431	喷管和扩压段壁面压力分布研究	纹影仪+压力扫描阀
3	2007.10	7432～7444	模型壁面压力分布	纹影仪+压力扫描阀
4	2008.05	7455～7462	模型瞬态壁面压力分布	Kulite 压力传感器
5	2008.06	7463～7481	流动控制	SJA 控制器 + Kulite 压力传感器

为了获得实验段流场参数及激波的振荡区域,开展第一轮风洞实验(7406～
7444 车次),测量模型表面 7 号测量线的压力分布及下列参数。

(1)使用两支压力传感器测量驻室内的滞止压力 p_0,传感器量程为 3.5 bar
(1 bar = 10^5 Pa),测量准度优于±0.05%,滞止压力 p_0 = 1.3 bar。

(2)使用四支压力传感器测量实验段壁面静压 p_s,具体位置为纹影测量轴
上游 2 108.2 mm 处,传感器量程为 4 bar,测量准度优于±0.05%。

(3)使用总温传感器测量驻室内的滞止温度 T_0。

(4)使用压力扫描阀测量喷管壁面上的马赫数分布,结果见图 3.3。

(5)使用压力扫描阀测量位于第二喉道下游的扩压段壁面压力分布,结果
见图 3.4。

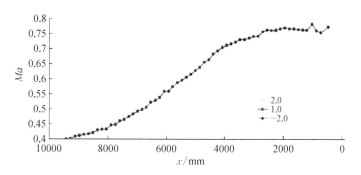

图 3.3　喷管壁面上的马赫数分布

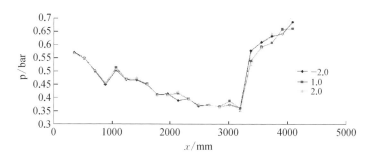

图 3.4　扩压段壁面上的压力分布（流向）

（6）使用压力传感器测量位于风洞水平轴下方 473 mm、纹影测量轴处（$x = 0$）的压力 p_p,传感器量程为 ±1 bar,结果见图 3.5。

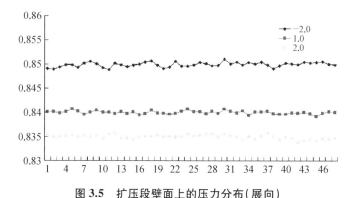

图 3.5　扩压段壁面上的压力分布（展向）

基于测得的总压和静压值计算求得流场马赫数,但由于实验段内可能存在流动堵塞现象,求得的马赫数值并不准确。实验中,使用 Scanivalve 公司的 32 端口 ZOC 23B/32Px 电子压力扫描阀,扫描阀与 32 支压力传感器连接,传感器量程为±50 psid。

所有测量得到的流场参数(p_0、p_s、T_0等)信号经4 Hz 低通滤波器滤波后,转换为数字信号。所有压力传感器均需在实验前进行校准,精度优于±0.015%,准度优于±0.05%,使用 Wyler 精密角度测量仪校准攻角机构俯仰方向的姿态,准度优于±1′。

3.2.3　纹影结果

纹影系统配备 Nikon D200 相机和焦距为 300 mm 的 Tamron 镜头,曝光时间为1/1 250 s,并可使用彩色或黑白滤镜。

7406~7427 车次实验的主要目的是通过纹影显示技术观察激波振荡现象。为了避免实验段内发生堵塞或激波干扰,在多个来流马赫数和攻角条件下开展风洞实验,应用纹影显示技术获得流场结构,有效实验时间为 20~35 s。

在马赫数为 0.76、雷诺数为 6.78×10^6、攻角为 1°的条件下,在模型上、下表面 55%~85%弦长处观测到激波振荡现象,见图 3.6。因此,选择该流场条件作为后续开展数值模拟研究的基础流场状态。

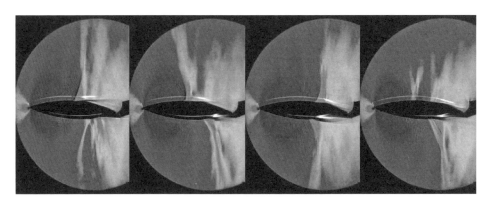

图 3.6　18%翼型纹影显示结果

3.2.4　风洞壁面压力分布

7428~7431 车次实验的主要目的是获得马赫数为 0.75~0.77 流场条件下实验段上、下风洞壁面的压力分布。

在亚声速流场条件下,实验段上壁面和下壁面呈略微扩张状。$x = -812.8$ mm 处,实验段高度为 $z = 1\,186$ mm;而在 $x = 1\,524$ mm 处,其高度为 $z = 1\,199$ mm,因此实验段上壁面与下壁面之间的半夹角为 0.157 6°。喷管壁面上布置了一系列压力监测点,采用第 49 号监测点(位于纹影轴线上游 2 108.2 mm 处)的静压测量结果来计算流场马赫数。

风洞扩压段的上、下壁面相互平行,且相距 1 200 mm,通过调节第二喉道改变流场参数。从扩压段到风洞出口部分,均设置了压力监测点。

风洞扩压段壁面压力分布见图 3.4 和图 3.5,扩压段马赫数分布表明激波位于第二喉道下游 3 m 处,激波下游流场变为亚声速。

3.2.5　翼型表面压力分布

7432~7444 车次实验的主要目的是获得马赫数为 0.76、激波振荡作用下的翼型表面压力分布。模型上共布置了 7 列静压测孔,每列有 31 个测孔,测孔之间的距离为 10 mm。

在笛卡儿坐标系下,x 轴为翼型弦长方向,以模型前缘为原点,下游方向为正向,y 轴以模型中心线为原点,指向第 5、6、7 测点线方向为正向。压力测孔与 Scanivalve 公司生产的 ZOC 型电子扫描阀相连,扫描阀包含 32 支量程为 ±50 psid、扫描频率为 20 kHz 的传感器,由国家仪器(National Instrument,NI)公司的六通道PIO‒96 数字输入/输出模块控制。

相邻通道读取的时间间隔为 3~4 ms,完成 32 支传感器的一个扫描周期需耗时约 120 ms。在大多数风洞实验条件下,模型的攻角保持不变,在 18 s 的有效实验时间内完成 150 个周期的数据读取。对有效实验时间内的压力系数作时间平均,结果见图 3.7,由于激波处于运动状态,压力系数平均值分布不能代表任一时刻的真实流动状态。图 3.7 中也给出了最大压力系数 $C_{p\max}$ 和最小压力系数 $C_{p\min}$,分别表示激波振荡周期中的两种极限状态。

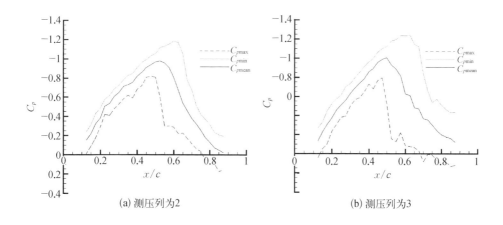

(a) 测压列为2　　　　　　　　　　　(b) 测压列为3

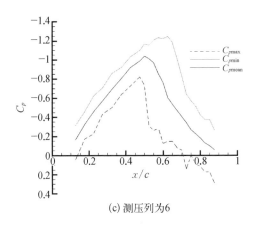

(c) 测压列为6

图3.7　压力系数的平均值、最大值和最小值(测压列为2、3、6)

3.2.6　翼型表面的非定常压力分布

为了获得翼型表面上的非定常压力分布,分别在翼型上表面40%、50%、60%、70%和80%弦长处,安装了5支Kulite XCS－152－0.7 BAR压力传感器(K1~K5),见图3.8。压力信号经SCXI－1120信号放大器,由NI公司AT－MIO－64E3数据模块采集,应用10 kHz低通滤波器进行滤波。同时,使用第49号压力测点的静压值,作为Kulite传感器的参考值。

对于非定常压力测量实验,将数据采样频率提高至31.25 kHz。在马赫数为0.76、1°攻角条件下(7455车次),非定常压力信号证实存在激波振荡现象,结果见图3.8。相应地,基于脉动压力值求得当地马赫数,结果见图3.9。

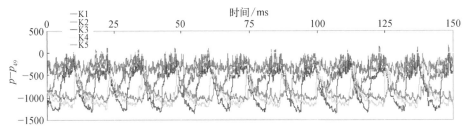

图3.8　7455车次脉动压力信号

激波在50%~70%弦长位置之间振荡,振荡频率和速度分别为75 Hz和10 m/s。根据Kulite K1传感器测量结果,在80%弦长位置处,激波振荡现象依然存在但不明显。在马赫数为0.75和更低马赫数流场条件下,未观察到激波振荡,但壁面压力仍具有脉动特征,不过其脉动幅值较小,主频率约为600 Hz。

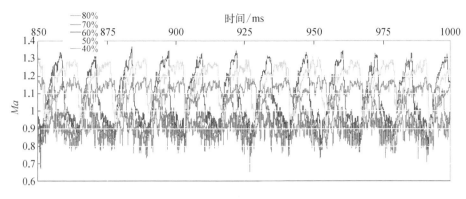

图 3.9　7455 车次瞬时马赫数

3.2.7　合成射流实验结果

为了对激波/边界层干扰进行有效控制,在双圆弧翼型的上表面 65%弦长处安装了 5 支压电式合成射流激励器。激励器主体直径为 25 mm,压电薄膜直径为 20 mm,射流孔直径和高度分别为 1 mm 和 1.1 mm。

应用热线风速仪、纹影显示、声场测量等技术开展合成射流流动控制实验研究。开展纹影显示实验时,使用 Photron 相机以 1 000 帧/s 的频率进行拍摄。

使用 Kulite 传感器测量合成射流作用下的非定常压力的幅值和频率,以获得成射流激发的扰动特征。在合成射流作用下,位于 70%弦长位置的 K2 压力传感器和位于 80%弦长位置的 K1 压力传感器的测量结果中均出现了射流的激励频率,且激波振荡频率发生改变,幅值减弱。此外,未观测到合成射流控制对位于其上游传感器测量结果存在显著影响。

对测得的压力信号进行傅里叶变换,结果表明激波振荡频率衰减(78 Hz),K1、K3、K5 等传感器的测量结果均显示激波振荡频率有所衰减,结果见图 3.10 和图 3.11(图中灰色曲线表示 7473 车次实验结果,白色曲线表示 7472 车次实验结果)。

3.3　数值模拟研究

三家参研单位使用各自的程序、网格和不同的湍流模型开展数值模拟研究,详见表 3.1。各参研单位所针对的构型存在细微差异:EADS 对翼型模型的上游

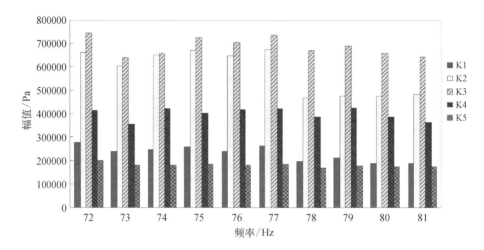

图 3.10　78 Hz 下的振荡频率衰减

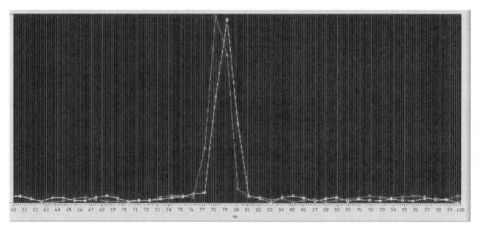

图 3.11　合成射流作用下的激波振荡频率变化

和下游均采用矩形截面计算域,并简化模型与支撑机构之间的连接装置;INCAS 采用与 EADS 相同的简化模型支撑装置,但额外模拟了风洞喷管和扩压段部分; IMFT 也模拟了喷管、实验段和扩压段等风洞主体部分,但未模拟支撑机构。研究人员认为,只要对实验段流场条件的模拟比较准确,那么不同几何构型对结果产生的影响可以忽略。几何构型及支撑结构的差异可能会对激波振荡现象产生一些影响,在下面中会对该问题进行进一步讨论。

（1）EADS。EADS 在使用 RANS－LES 混合方法进行非定常流动模拟方面拥有丰富经验,首先对双时间步方法内迭代收敛性开展了研究,并与 URANS 方法数值结果、DDES 方法数值结果和实验结果进行对比。

（2）IMFT。IMFT 对带有实验段上壁面和下壁面的构型开展了二维数值模拟，也对带侧壁的三维构型进行了模拟，通过调节出口压力实现不同的来流马赫数。应用 URANS 方法、Spalart - Almaras 模型（简称 SA 模型）、双时间步推进方法，模拟结果表明激波振荡振幅和频率（78 Hz）与实验结果一致。通过将内迭代收敛残差要求提高到 5×10^{-4}，更好地模拟了激波振荡幅度。与 DDES 方法数值结果相比，采用 URANS 方法预测的激波更近似于定常状态。此外，IMFT 开展了吹除流动控制方法的数值模拟研究，结果表明，升力系数存在减小的趋势。

（3）INCAS。INCAS 采用分解为 8 个子计算域的 500 万和 640 万个非结构化网格分别开展了 URANS 和 LES 数值模拟。数值结果预测的时均压力、最小压力、最大压力和非定常压力均与实验数据吻合，URANS 方法预测的激波运动频率为 80.1 Hz，而 LES 方法预测的激波运动频率为 76.5 Hz，LES 数值结果更接近实验测量值 78 Hz。此外，INCAS 还开展了合成射流控制激波振荡的数值模拟研究。

3.3.1 EADS 开展的数值模拟研究

1. 网格生成

EADS 模拟的几何构型与风洞实验情形存在一定差异，主要体现在模型支撑机构、风洞几何形状等。在计算域入口和出口处，均采用矩形截面的几何形状代替喷管和扩压段的实际构型。

计算区域内共包含 1 200 万个非结构化混合网格，对翼型表面激波振荡区域、可能发生流动分离的翼型尾部区域及尾迹流动区进行优化。对于 RANS - LES 混合方法，只有使用较密的网格时，才能获得可靠的数值模拟结果。此外，采用 URANS 方法和 DDES 方法模拟时使用的是同一套网格，详见图 3.12 和图 3.13。支撑系统构型的差异见图 3.14，支杆的钝前缘有可能会影响激波振荡特性。

2. 数值模拟方法

采用 DES 方法时，应用 EADS 发布的 2006.1 版 TAU 代码开展数值模拟研究；采用 URANS 方法时，应用 SA 湍流模型，首先使用较大的时间步长进行数值模拟，达到准定常状态后，将时间步长设置为 $4.0 \times$

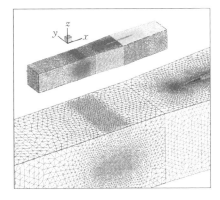

图 3.12　风洞壁面处的网格

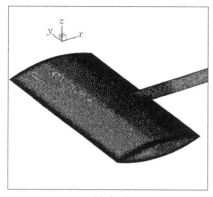 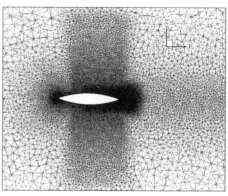

(a) 表面　　　　　　　　　　　(b) 展向中心面

图 3.13　模型表面及展向中心面处的网格

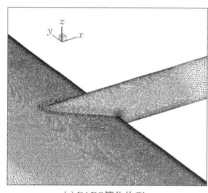 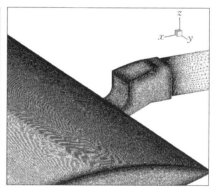

(a) EADS简化构型　　　　　　　(b) 实验原始构型

图 3.14　模型支撑系统构型的差异

10^{-5} s;采用 RANS – LES 混合方法时,应用 SA – DES 模型。

采用 DES 方法开展非定常数值模拟时,采用足够小的时间步长能够解析激波诱导分离的非定常特征。在 URANS 方法和 DDES 方法中,采用了与 DES 方法相同的时间步长,即 $\Delta t = 4.0 \times 10^{-5}$ s。

每个激波振荡周期包含约 330 个时间步长,每十步 ($\Delta t = 4.0 \times 10^{-4}$ s) 进行一次数据提取,每个周期内提取 33 个数据点,这样能够有效降低数据输出量。

为了获得可靠的统计平均值和方差值,对流场的数值模拟需要至少持续 5 个激波振荡周期,保存非定常流场数据并与 Kulite 传感器测得的结果进行比较。数值模拟中监测了 62 个流动样本点的信息,分别位于翼型(7 个测点线中每段 5 个)、尾迹(3 个测点线中每段 5 个)和风洞壁面处(共 12 个)。监测点位置见图 3.15,

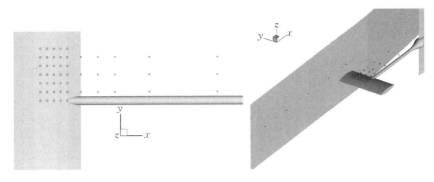

图 3.15　翼型、风洞壁面和尾迹处的流动参数监测点

监测的物理量包括密度、速度分量和能量等。

3. 参数和收敛性研究

在对非定常流动特性开展数值模拟研究之前,首先需开展参数影响等测试性算例的模拟,保证代码能够在激波运动周期内顺利收敛。在双时间步长条件下,分别对监测气动力系数进行 25 次、50 次和 100 次迭代收敛,以及研究其对气动力周期特性的影响。根据升力系数、阻力系数和俯仰力矩系数分量的结果,决定进行 100 次内迭代开展数值模拟研究。

4. URANS 方法和 DDES 方法数值模拟结果

在同一套网格、相同的参数条件下,开展 URANS 和 DDES 方法数值模拟,预测的气动力系数见图 3.16。两种方法预测的升力系数和俯仰力矩系数的平均值基本相等,但 DDES 方法求得的阻力系数更大。非定常特性方面,SA‐DDES 方法预测的激波振荡幅值较大且频率较低。

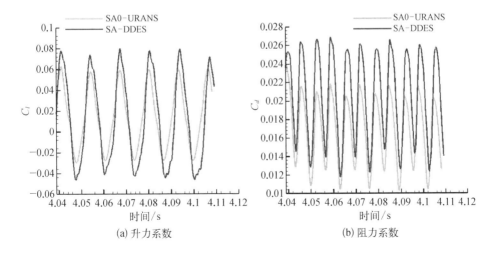

(a) 升力系数　　　　　　　　　(b) 阻力系数

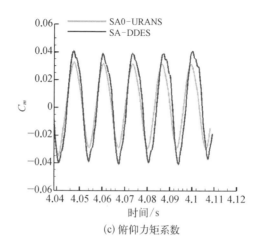

(c) 俯仰力矩系数

图 3.16   几个激波振荡周期内的升力系数、阻力系数和俯仰力矩系数曲线

SA0 表示原始 SA 模型,余同

此外,每个周期的时间并不是常数值,混合方法预测的激波振荡周期的差异更明显,意味着频率也不是常数值,URANS 方法预测的振荡频率为77 Hz,DDES 方法预测的振荡频率为76 Hz。

URANS 方法和 DDES 方法预测的瞬时涡量分布见图 3.17,SA-DDES 方法得到的非定常成分更多、流动分离区域更大。

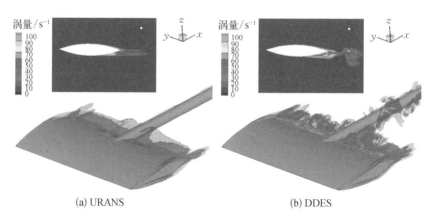

(a) URANS   (b) DDES

图 3.17   URANS 方法和 DDES 方法预测的涡量分布

URANS 方法和 DDES 方法预测的各速度分量脉动均方根的分布结果见图 3.18,图中 u、v、w 分别表示流向、法向、展向速度,下角标 rms 表示脉动均方根,u_{inf} 表示无穷远处的速度(自由来流速度)。图中翼型上方和下方流向脉动速度分量

较大的区域即为激波振荡区域,且 URANS 方法和 DDES 方法预测的激波振荡区域
存在差异。总的来说,DDES 方法预测的脉动均方根值较高,且影响区域更大,尾
迹流场中的法向速度和横向速度分布表明其具有更强的非定常性和三维特征。

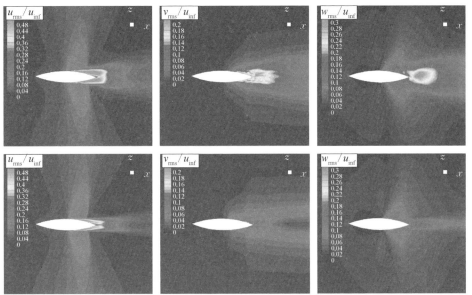

图 3.18　URANS 方法和 DDES 方法预测的各速度分量脉动均方根分布

对尾迹区域的预测结果见图 3.19 和图 3.20,其中 p_{inf} 表示自由来流压力(静
压)。由图可知,两种数值方法预测的压力平均值接近,但 DDES 方法预测的脉

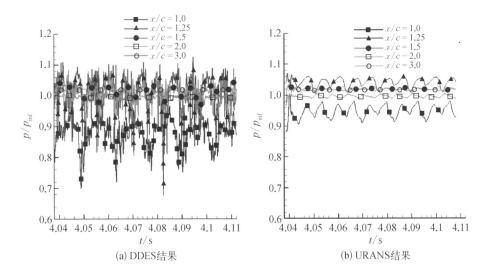

(a) DDES结果　　　　　(b) URANS结果

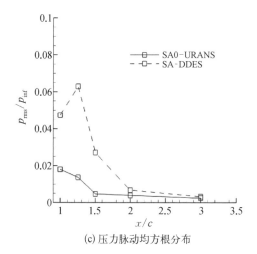

(c) 压力脉动均方根分布

图 3.19　尾迹区域脉动压力及均方根分布（$y = 150$ mm）

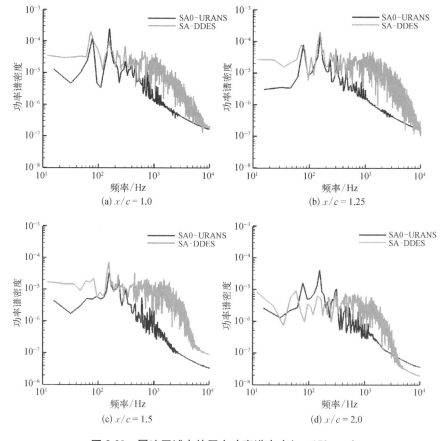

(a) $x/c = 1.0$　　　　　　　(b) $x/c = 1.25$

(c) $x/c = 1.5$　　　　　　　(d) $x/c = 2.0$

图 3.20　尾迹区域内的压力功率谱密度（$y = 150$ mm）

动压力明显高于 RANS 方法的预测值。第一个监测点位于尾缘处($x/c = 1.0$)，最后一个监测点位于尾缘下游两倍弦长处。URANS 方法预测的流场中具有激波振荡特征，但与 DDES 结果相比，其在尾迹区域下游的衰减更显著，且两种方法的预测结果之间的差值较大。

DDES 方法预测的压力功率谱密度表明，$x/c = 1.25$ 和 $x/c = 1.5$ 处具有很强的非定常特性；而在翼型后缘位置处($x/c = 1.0$)，受翼型影响，非定常成分被抑制；在 $x/c = 2.0$ 处，URANS 和 DDES 数值结果之间的差异相对较小。在翼型后缘和第二个监测点处，两种方法预测的第一个功率谱密度峰值与激波运动基频一致。DDES 数值模拟结果显示，在 1 000 Hz 处存在极大值。

在一个激波振荡周期内，激波波前马赫数变化曲线见图 3.21，上表面与下表面处的瞬时激波位置处于反向对称的状态。URANS 预测的最大马赫数值略高，且激波位置更靠近下游。

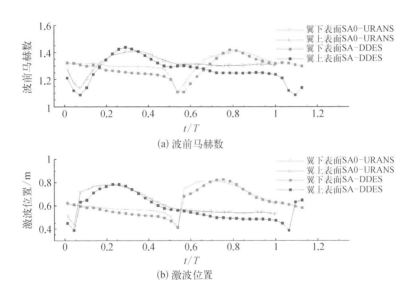

(a) 波前马赫数

(b) 激波位置

图 3.21　一个激波振荡周期内的波前马赫数和激波位置分布($y = 150\ \mathrm{mm}$)

5. 支杆形状的影响

数值模拟与风洞实验的压力系数分布结果见图 3.22。由图可知，在 $y = 0.2\ \mathrm{m}$ 处，采用 DDES 方法预测的压力系数分布情况更接近实验结果。其中，前半部分的差异可能是由于不同强度的激波诱导形成不同的流动分离区引起的；从 $x/c = 0.6$ 处开始，数值模拟与实验结果之间的差异增大，数值模拟方法预测的激波位置更靠近下游($x/c = 0.8$)。

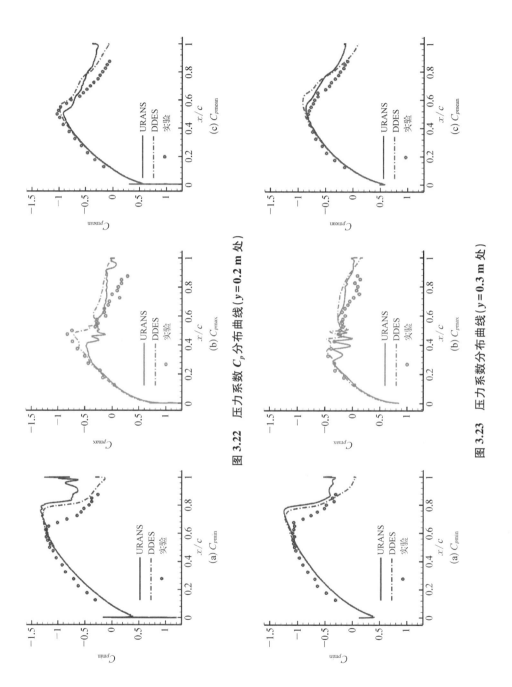

图 3.22　压力系数 C_p 分布曲线（$y = 0.2$ m 处）

图 3.23　压力系数分布曲线（$y = 0.3$ m 处）

分析认为,是支杆几何形状的差异引起了压力分布结果的差异。在风洞实验中,支杆的钝前缘使翼型尾部产生较高的压力,抑制了激波向下游运动的能力。与图 3.22 中 $x/c = 0.2$ 处的压力系数分布相比,图 3.23 中 $x/c = 0.3$ 处的压力系数分布显示,数值模拟与实验结果之间的差值减小,支持"支杆几何形状引起误差"的假设。

6. 关于数值模拟代码和机时的信息

本节中应用的是 DLR 的 TAU 代码,是求解积分形式 Euler 方程和 Navier‐Stokes 方程的结构/非结构混合二阶有限体积流动求解器(Schwamborn 2006),具有多种数值格式,如中心格式、AUSM 迎风格式等。除了显式 Runge‐Kutta 格式外,还实现了点隐式 LUSGS 格式来进行时间推进。为了加速收敛当地时间步,采用隐式残差平滑和完全多重网格方法。采用 Jameson 型双时间步格式进行瞬态模拟(非定常模拟)的时间推进,该方法不受全场最小时间步的限制,并且上面提到的所有加速技术都可以在内部显式循环内应用。该求解器还提供了如雷诺应力模型(Reynolds stress model, RSM)、显示代数雷诺应力模型(explicit algebraic Reynolds model, EARSM)等一方程、两方程湍流模型和几个 DES 模型。硬件方面,由 256 个 Intel Xeon CPU 组成 LIUNX 集群,CPU 的主频为 2.66 GHz,安装在 2G 内存的双板上,可以使用 QUADRICS 作为背板互连。

在基础算例模拟中,使用了 48 个 CPU。因此,在 URANS 计算中,每个时间步长的处理时间为 20 min,每个数据提取步(10 个基本时间步长)的处理时间为 3.45 h,或者一个激波运动周期(约为 330 个基本时间步长)的处理时间为 114 h。DDES 混合方法需要更多的时间,每个物理时间步长为 32 min,每个数据提取步为 5.4 h,一个周期为 178 h。

3.3.2　IMFT 开展的数值模拟研究

20 世纪 90 年代初期,由欧洲多国联合研发了纳维-斯托克斯多块(Navier‐Stokes Multi‐Block, NSMB)软件并持续更新[18],该软件是基于结构化的多块网格程序,IMFT 从 2002 年起开始参与这项工作。本项目中,IMFT 使用该软件中的 URANS‐Spalart‐Allmaras 模型开展了数值模拟研究[4]。NSMB 代码利用 MPI 实现并行计算,并已经在多个参研单位采用 128 个处理器进行了并行计算。

1. 物理参数

假定空气为符合 Sutherland 黏性定律的理想气体。喷管入口处的气流马赫数为 0.39,调节扩压段出口压力,翼型上游自由来流马赫数 $Ma = 0.76$,雷诺数

$Re = 6.78 \times 10^6$，自由来流速度 $U_\infty = 262 \text{ m/s}$，静温 $T_\infty = 293 \text{ K}$，静压 $p_\infty = 98\,500 \text{ Pa}$，密度 $\rho = 1.17 \text{ kg/m}^3$。

2. 网格生成

采用带有上壁面和下壁面的二维构型，共有 82 000 个网格点。最初设计的三维构型共五百万个网格点，见图 3.24。IMFT 针对带曲面喷管和扩压段的构型开展数值模拟研究，如果考虑支撑机构的话，会大幅度增加网格数量。若使用非结构网格，则可以考虑开展有支杆情形的数值模拟研究。

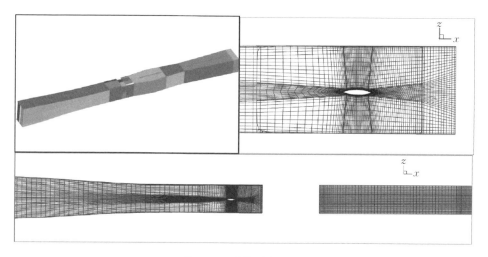

图 3.24　计算域与网格

3. 数值参数和收敛性研究

时间离散采用三阶 Runge - Kutta 格式，时间推进采用双时间步格式[2]；对流项的空间离散采用隐式 Roe 格式（迎风三阶）[19]和 van Leer[20]的 MUSCL 格式；黏性通量通过中心差分格式离散。模拟时间步长为 $\Delta t = 10^{-5} \text{ s}$，每 5 个时间步长提取 1 次流场数据，每个振荡周期内约提取了 250 次数据。

数值结果表明，收敛残差对振荡幅度的影响比对振荡频率的影响更大。在双时间步内，15 次迭代、7×10^{-3} 收敛残差的数值模拟预测的激波振荡频率为 78 Hz，与实验结果基本一致，但振荡幅值比实验结果偏小，见图 3.25。进一步地，将收敛残差设置为 5×10^{-4}，在 70~100 次迭代条件下进行数值模拟，激波振荡幅值、升力系数和阻力系数的预测结果均得到改善。

4. 数据监测

对流场中的关键位置进行监测，主要如下。

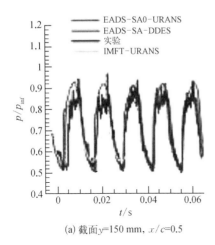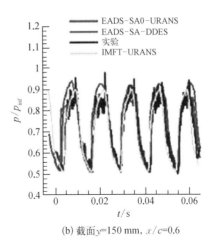

(a) 截面 y=150 mm, x/c=0.5   (b) 截面 y=150 mm, x/c=0.6

图 3.25 翼型上/下表面的压力脉动

（1）展向边缘处：$x/c = -4.5$、-3、-1.5、0、1。

（2）上、下表面 $y = 150$ mm 处：$x/c = 0.4$、0.5、0.6、0.7、0.8。

（3）尾迹流区域 $z = 9.5$ mm、$y = 150$ mm 处：$x/c = 1$、1.25、1.5、2、3。

5. 数值模拟结果

应用 SA – URANS 开展二维和三维数值模拟，研究构型为 3°攻角、18%厚度的双圆弧翼型，来流马赫数 $Ma = 0.75$、雷诺数 $Re = 1 \times 10^7$。初步数值结果中观测到了激波振荡现象，如图 3.26~图 3.29 所示，图 3.29 中的横坐标 tu/D 表示无量纲时间。在对风洞构型进行完全数值模拟时，为获得正确的实验段压力和马赫数，需对入口与出口边界条件进行调节。

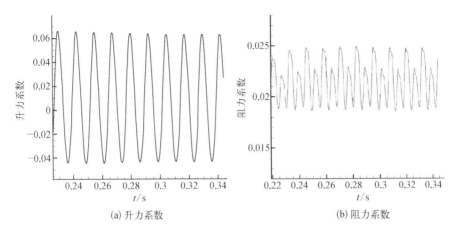

(a) 升力系数   (b) 阻力系数

图 3.26 IMFT 采用数值模拟获得的升力系数和阻力系数

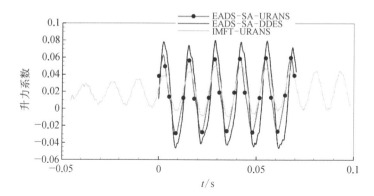

图 3.27 升力系数振荡结果

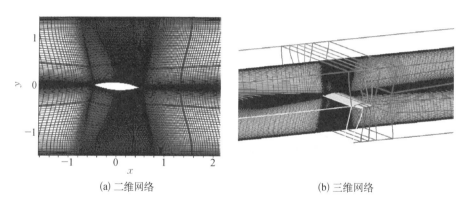

(a) 二维网络 　　　　　　　　　　　　　　(b) 三维网络

图 3.28 H 形二维和三维网格

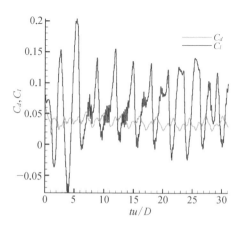

图 3.29 翼型的升力系数 C_l 和阻力系数 C_d

本节中数值模拟研究工作设定的边界条件：入口总温 = 326.847 K、总压 = 144 522.39 Pa，出口压力 = 1.1 bar，计算结果如图 3.30~图 3.36 所示。

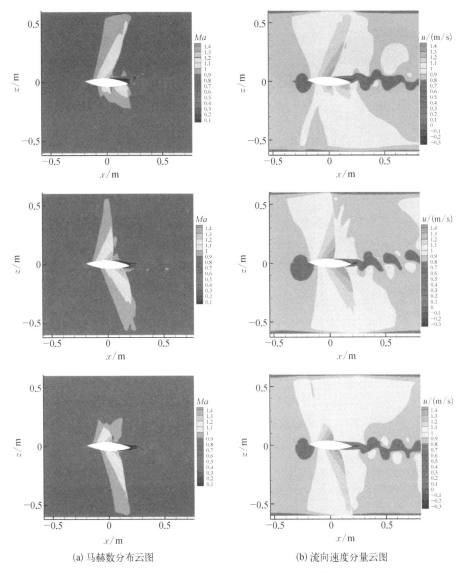

(a) 马赫数分布云图　　　　　　　　(b) 流向速度分量云图

图 3.30　马赫数分布云图与流向速度分量云图($Re = 1 \times 10^7$，$Ma_\infty = 0.75$，$\alpha = 3°$)

6. 对激波振荡的控制

应用数值模拟研究吹除方法的控制作用，结果表明流动分离特征发生改变，且升力系数振荡特征也被削弱，结果见图 3.37，其中吹除速度 $u_{blow} = 0.05U_\infty$。

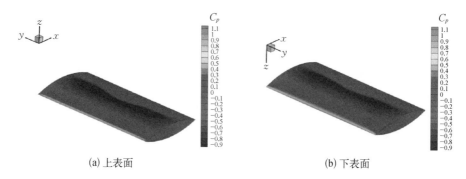

(a) 上表面   (b) 下表面

图 3.31 翼型上/下表面的平均压力系数分布

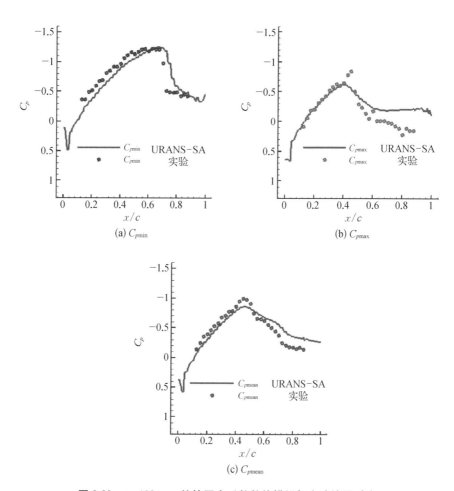

(a) $C_{p\mathrm{min}}$ (b) $C_{p\mathrm{max}}$

(c) $C_{p\mathrm{mean}}$

图 3.32 $y = 100\ \mathrm{mm}$ 处的压力系数数值模拟与实验结果对比

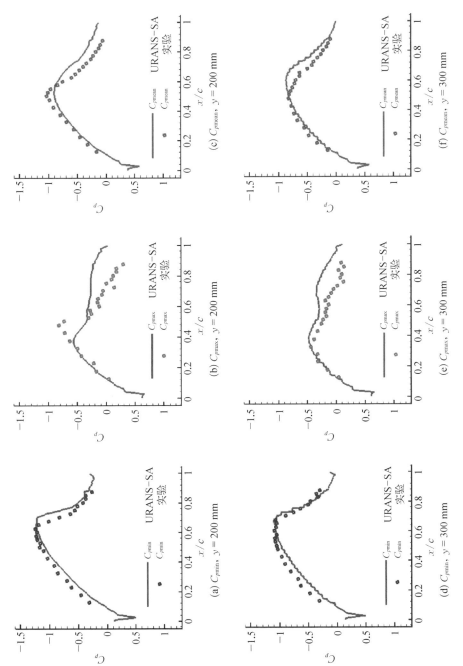

图 3.33　$y = 200$ mm 和 $y = 300$ mm 处的压力系数数值模拟与实验结果对比

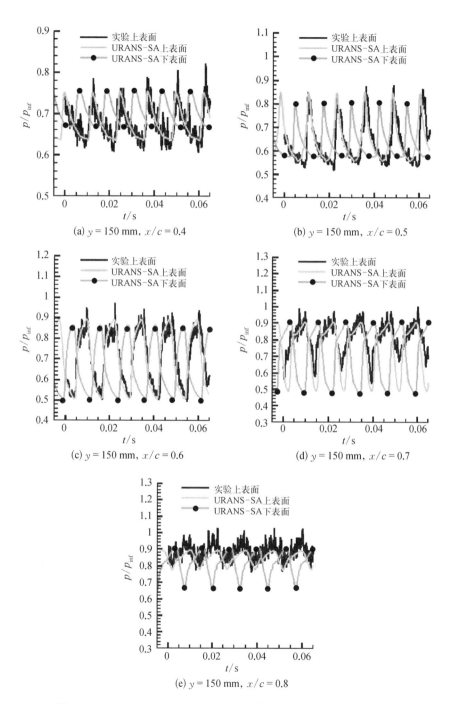

图 3.34 $x/c = 0.4$、0.5、0.6、0.7、0.8 处的翼型上/下表面压力信号

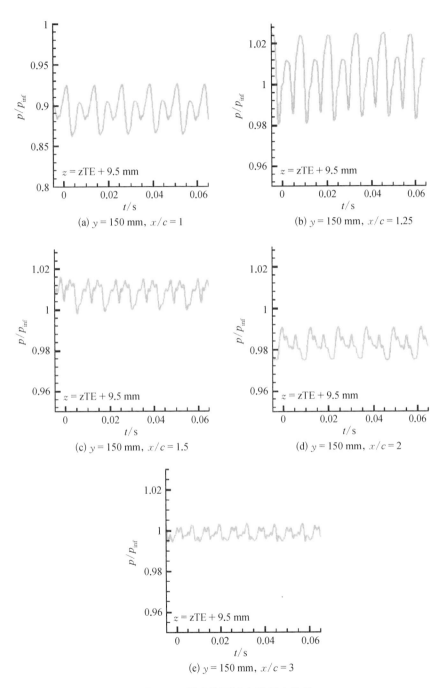

图 3.35　尾迹流区域内的压力信号

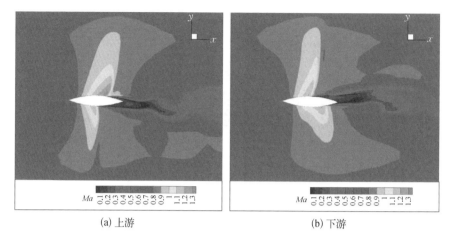

(a) 上游   (b) 下游

图 3.36 激波在上游/下游极限位置处时的马赫数云图

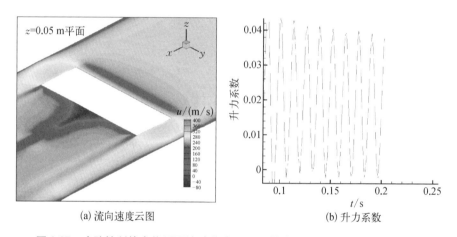

(a) 流向速度云图   (b) 升力系数

图 3.37 吹除控制技术作用下流动分离区及下游的流向速度云图和升力系数

3.3.3 INCAS 开展的数值模拟研究

1. 网格生成

应用混合方法模拟激波振荡现象。首先,为了确定入口与出口等远场边界条件,采用较粗的网格(130 万个网格点)对完全风洞构型开展数值模拟。然后,对实验段壁面和模型表面进行网格加密等优化处理,加密后的网格数量约 500 万个,并分为 8 个区域(图 3.38~图 3.40):共 4 381 256 个网格点;实验段壁面上共 576 318 个网格点;机翼表面上共 218 628 个网格点。

将全计算域分解为 8 个子域,全局求解器采用 Schwartz 重叠技术,重叠区域

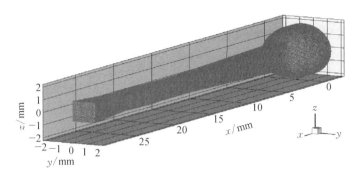

图 3.38　完全风洞构型

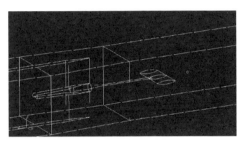 

图 3.39　数值模拟区域的 8 个子区域

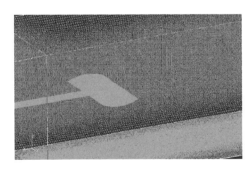 

图 3.40　模型表面的网格细节

中的总网格点数为 176 136 个。

2. 数值方法

INCAS 开发了 DxUNSp 代码,这是一种非结构化代码,采用基于 Schwartz 技术的域分解方法,该代码使用 Roe 和 Osher 有限体积方法,并使用带限制器的二阶格式。

应用具有本地和/或全局时间步长的四阶 Runge - Kutta 格式、两方程 k - ε 湍流模型开展 URANS 数值模拟,并使用残差分析和多种加速技术来进行结果分析和计算收敛加速。

对于 URANS 和 LES 方法,首先均采用粗网格对马赫数为 0.76、千万量级雷诺数、1°攻角条件下的翼型开展数值模拟(图 3.41),以确定入口和出口等远场边界条件。

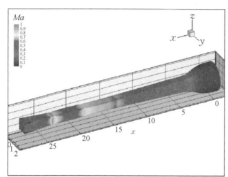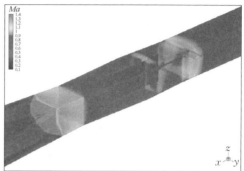

图 3.41　对风洞全流场构型的三维数值模拟结果

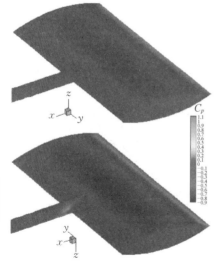

图 3.42　LES 数值模拟结果——
压力系数分布

对实验段壁面和模型表面网格进行加密后,使用全局时间步进行 URANS 和 LES 计算,该时间步长为整个计算域上一步迭代中的最小当地时间步长。整个计算过程中,全局时间步长的无量纲时间约为 $\Delta t = 1.5 \times 10^{-5}$。待激波振荡周期稳定后,提取流场中监测点的数据与实验结果进行对比与分析,结果见图 3.42~图 3.44。

3. 边界条件

对于 URANS 方法,为避免在入口和出口区域出现流动反射,在流场入口和出口处都使用 Riemann 不变量边界条件。对于 LES 方法,基于充分发展管流的 URANS 模拟结果设置上游边界条件,在 5 个准周期时间内,记录了 1.2 m(约等于风洞截面尺寸)范围内的流场数据,并将这些流场数据存储为时间相关的边界条件,以开展 LES 数值模拟。对于 URANS 和 LES 计算,都使用广义 Reichard 壁面律对固壁进行边界条件设置。

对流动控制技术进行数值模拟时,激励器的工作频率为 0~1 500 Hz,最大吹气速

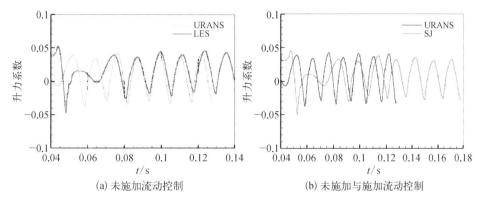

(a) 未施加流动控制　　　　　　　　　(b) 未施加与施加流动控制

图 3.43　施加/不施加流动控制作用下的升力系数分布

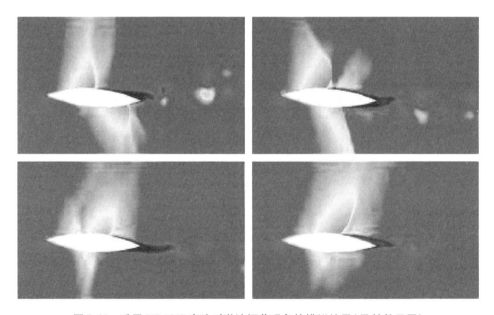

图 3.44　采用 URANS 方法对激波振荡现象的模拟结果(马赫数云图)

度为 150 m/s。进行数据分析时,将频率无量纲化,无量纲频率范围为 $F^+ = 1 \sim 10$。

4. URANS 和 LES 数值模拟结果的对比

URANS 方法和 LES 方法中采用相同的全局参数。对于不施加流动控制的流场,首先使用 URANS 数值模拟结果确定 LES 模拟的来流边界条件。两种方法预测的三个流向位置处的压力系数分布见图 3.45。通过辨识翼型升力系数的幅值和相位,获得数值模拟与风洞实验中的激波振荡频率:

$$-f_{\text{URANS}} = 80.1 \text{ Hz}, \quad -f_{\text{LES}} = 76.5 \text{ Hz}, \quad -f_{\text{EXP}} = 78 \text{ Hz}$$

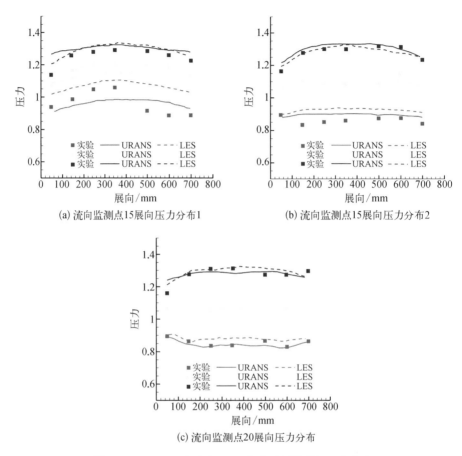

(a) 流向监测点15展向压力分布1   (b) 流向监测点15展向压力分布2

(c) 流向监测点20展向压力分布

图 3.45　URANS 方法和 LES 方法预测的展向压力分布

5. 关于数值模拟代码和机时的信息

　　本节应用的是 INCAS 开发的 DxUNSp 代码,它是一种非结构化代码,采用基于 Schwartz 技术的域分解。该代码基于 Roe 和 Osher 有限体积方法,采用带有多种限制器的二阶格式。该平台基于统一的方程,提供了多种仿真类型和/或湍流模型。对于 URANS 方法,采用的是两方程 $k-\varepsilon$ 模型;对于 LES 算例,采用的是 beta-gamma 格式和 Germano 动态模型。为了在时间推进方面保证较好的准确性,采用全局时间步长的四阶优化 Runge-Kutta 显式格式。

　　对于 URANS 数值模拟,在数值计算收敛后,每个激波振荡周期约耗费 25 h。对于 LES,振荡周期的计算时间约为 43 h。为了获得流场中的主要信息,对激波振荡的模拟应超过 7 个周期(URANS 方法约 175 h,LES 方法约 200 h)。

3.4　数值模拟与实验结果的对比

压力系数 C_p 与马赫数的预测结果见图 3.46 和图 3.47。EADS 方面,数值模拟与实验结果之间的差异主要是由支杆几何形状的差异引起的;IMFT 未模拟支杆,数值模拟与实验结果之间具有较好的一致性,特别是脉动压力特征和激波位置的预测比较准确。

针对 EADS、IMFT 和 INCAS 获得的数值模拟结果进行激波振荡特性对比,图 3.48~图 3.50 显示,EADS 的 URANS 结果和 IMFT 的 URANS 结果之间有较好的一致性。EADS 和 IMFT 的结果表明,最大升力系数为 0.062;EADS 采用 URANS 方法预测的最小升力系数为−0.03,而 IMFT 采用 URANS 方法预测的最小升力系数为−0.04。INCAS 采用 URANS 或 LES 方法预测的最大升力系数和最小升力系数分别为 0.04 和−0.03。

数值模拟预测的非定常压力振荡和 $y = 150$ mm 处的 Kulite 压力传感器测量结果的对比见图 3.51~图 3.55。如图 3.51 所示,实验测得的压力脉动幅值显著高于数值结果,只有 DDES 方法的数值模拟结果与实验结果较接近。此外,无论是数值模拟还是风洞实验,流场中的振荡周期均不是常数值。

IMFT 数值模拟预测的压力脉动与实验结果基本一致(图 3.46),且压力极小值的预测结果与实验结果也接近,见图 3.51。但是,当 x/c 大于 0.6 时,URANS 方法、DDES 方法预测的压力系数与实验结果之间的差值增大,数值模拟的流场中经历了更强的膨胀过程,即流场马赫数更高(图 3.52)。实验结果表明,$x/c = 0.7$ 处的流场马赫数略高于 1,而在 $x/c = 0.8$ 处则完全变成亚声速流场。此外,图 3.52 中马赫数极大值分布结果表明,流场周期并非常数,IMFT 的模拟结果表明激波振荡幅值随时间衰减,且脉动压力曲线非常平滑,信号中不包含更高的频率。

从压力均方根与时均压力分布来看,沿下游方向,数值模拟与实验结果之间的差异越来越显著。$x/c = 0.4$、0.5 和 0.6 处,DDES 结果与实验结果一致。数值模拟预测的激波振荡的下游极限位置约在 $x/c = 0.8$ 处,该处的压力均方根值远高于实验值,但由于激波波前的膨胀过程,平均压力小于实验值。

$y = 150$ mm 处的功率谱密度分布见图 3.53,由图可知,在低频段中存在明显的峰值,这些峰值代表的频率分别是激波振荡主频及其倍频。几种数值模拟方法预测的激波振荡周期与实验测量结果之间存在差异,从风洞实验到 DDES,

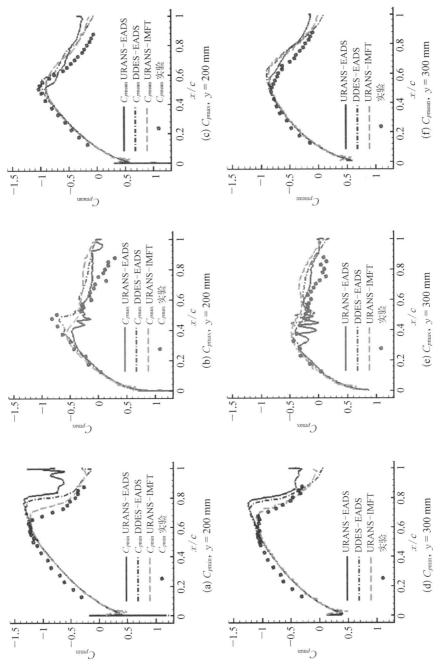

图 3.46 最大、最小与平均压力系数对比（EADS、IMFT 数值模拟结果与实验结果）

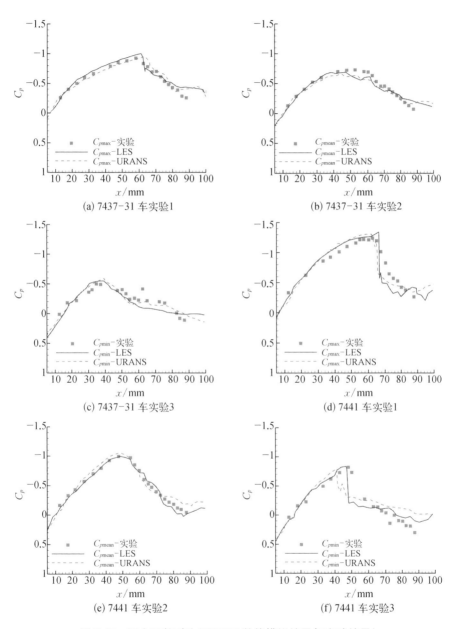

图 3.47　压力系数对比（INCAS 数值模拟结果与实验结果）

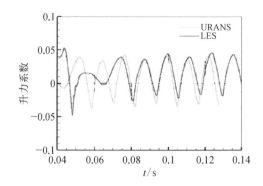

图 3.48 升力系数的周期性特征(INCAS 数值模拟结果)

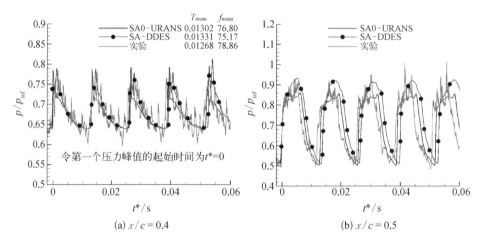

图 3.49 $y=150$ mm 截面处的瞬时压力分布(EADS 的 URANS 和 DDES 数值模拟)

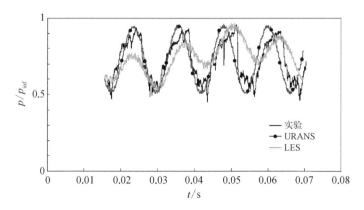

图 3.50 7464 车次实验 K3-Kulite 压力传感器信号(数值模拟和 SJ-S3 实验结果)

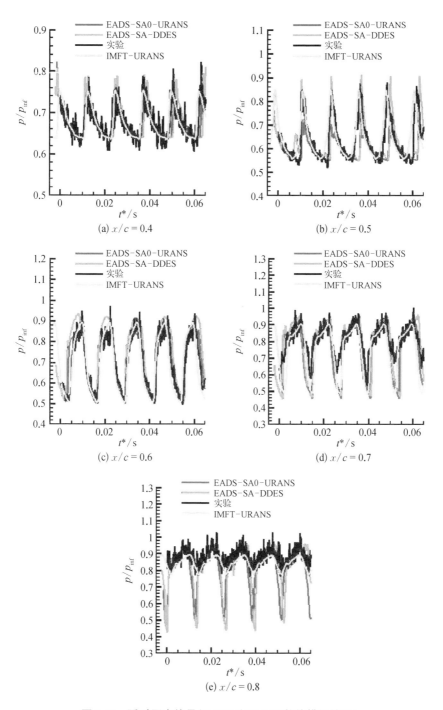

图 3.51　瞬时压力信号(EADS 和 IMFT 数值模拟结果)

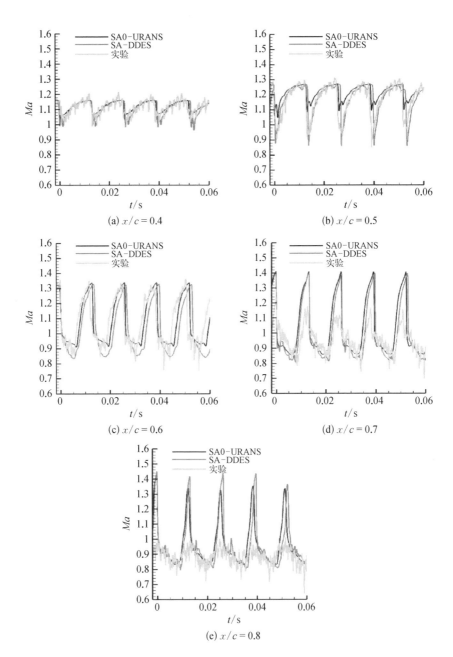

图 3.52　瞬时马赫数分布 (EADS 数值模拟结果)

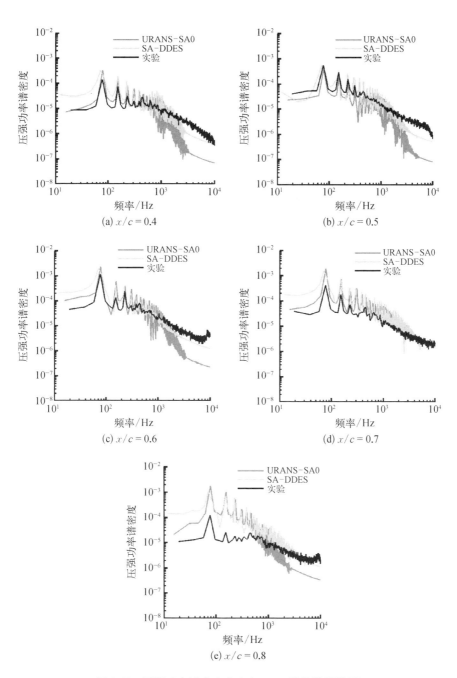

(a) $x/c = 0.4$　　　　　　　　(b) $x/c = 0.5$

(c) $x/c = 0.6$　　　　　　　　(d) $x/c = 0.7$

(e) $x/c = 0.8$

图 3.53　压强功率谱密度分布(EADS 数值模拟结果)

再到 URANS，高频范围的非定常成分逐渐减少；在低频范围内，$x/c < 0.6$ 处的
幅值接近，而在 $x/c = 0.7$ 和 0.8 处，实验测量结果的低频组分幅值显著低于数值
模拟结果，这是因为在数值模拟中激波运动的范围会变大。

提取 EADS 数值模拟结果中 $y = 150 \text{ mm}$ 处的瞬时流场，并与纹影实验结果
进行对比，结果见图 3.54。尽管风洞实验中有支杆的影响，但其对翼型下表面的
影响可以忽略。从结果中可知，与 URANS 方法相比，DDES 方法预测的流场中
具有更丰富的非定常特征，且流动分离区尺寸更大。

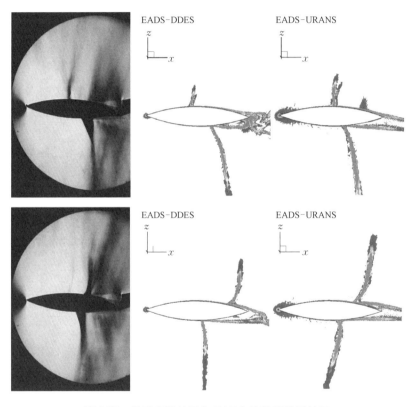

图 3.54   纹影实验结果与 EADS 的数值纹影结果

3.5   结论

3.5.1   风洞实验

风洞实验能获取的有效数据非常有限，主要有压力传感器测得的压力极值

和平均值,以及脉动压力信号。风洞实验结果表明,激波振荡频率为 78 Hz。此外,合成射流流动控制对激波振荡的影响较微弱。

3.5.2　数值模拟

1. EADS

在 $Ma = 0.76$、$Re = 6.78 \times 10^6$、$\alpha = 1.0°$ 的流场条件下,EADS 应用 SA - URANS 和 SA - DDES 方法开展了数值模拟研究。在该流场条件下,实验结果表明翼型表面存在激波振荡,风洞实验中使用钝头支杆,而在数值模拟研究中使用平滑支杆,支杆的几何形状影响了翼型上表面的激波振荡现象,实验中钝前缘的支杆使得激波振荡的下游极限位置更靠近上游,即 $x/c > 0.6$ 处的数值模拟与实验结果之间存在较大差异。

网格方面,使用共 1 200 万个节点的非结构化网格,对受激波运动或流动分离影响的区域作优化加密处理,并简化风洞喷管入口和扩压段出口处的网格。此外,开展了详细的收敛性和参数研究,以确保 URANS 方法和 DDES 方法数值模拟结果的可靠性。

对比 URANS 方法和 DDES 方法的数值模拟结果,DDES 数值模拟结果中的非定常成分更丰富。对于翼型前半部分的压力分布(最大值、最小值和平均值),数值模拟与实验结果均吻合,数值模拟中 $x/c = 0.7$、0.8 处存在较强的激波,而实验测得 $x/c = 0.7$ 处的激波强度较弱,在 $x/c = 0.8$ 处未监测到激波。DDES 方法预测的沿翼型方向压力均方根和压力平均值结果在 $x/c = 0.4$、0.5 和 0.6 处都与实验具有良好的一致性。

基于流场中的功率谱密度分布可知,数值模拟低频范围内的幅值与实验结果吻合,而在高频范围,URANS 模拟的非定常成分偏低。风洞实验中,在 $x/c = 0.7$ 和 0.8 处,激波已经衰减,实验测得的功率谱密度显著低于数值模拟结果。激波振荡频率方面,实验测得结果为 78 Hz,URANS 方法预测结果为 77 Hz,DDES 方法预测结果为 76 Hz。

2. IMFT

IMFT 使用 SA - URANS 模型开展数值模拟研究。对收敛速度的研究表明,其对激波振荡频率值基本不存在影响,但对振荡幅值的作用不可忽视。对完全风洞构型开展数值模拟研究,结果表明,该方法能够准确捕获激波振荡现象,特别是对低频范围的压力脉动的刻画尤为准确。该方法预测的激波振荡频率为 78 Hz(实验测量结果也是 78 Hz),且振荡幅值和激波运动的物理范围也与实验结果吻合。在沿着机翼半展长的流动控制作用下,激波振荡幅度存在轻微衰减的趋势。

3. INCAS

INCAS 应用 URANS 方法和 LES 方法开展了数值模拟研究。URANS 方法预测的振荡频率为 80.1 Hz,LES 预测的振荡频率为 76.5 Hz,与实验测量值吻合。与 URANS 相比,LES 预测的振荡幅值和振荡频率更低,这与 EADS 采用的 URANS 和 DDES 方法之间产生的差异一致。对于压力系数 C_p,激波上游的压力分布与实验结果一致,而激波下游数值模拟与实验结果之间的压力差值增加。

4. URANS 方法与 DDES 方法、LES 方法的比较

EADS 应用 DDES 方法,以及 INCAS 应用 LES 方法获得的流场信息比 URANS 方法更丰富。此外,采用 URANS 方法也可以较理想地预测激波振荡现象。总的来说,采用 LES 方法和 DDES 方法对激波振荡幅值和非定常高频成分的模拟效果更好,因此这两种方法对非定常激波振荡的模拟比较可靠。

参考文献

[1] Schwamborn D, Kroll N, Heinrich R. The DLR TAU-code: recent applications in research and industry. In: European Conference on Computational Fluid Dynamics, Egmond ann Zee, 2006.

[2] Jameson A. Time dependent calculations using multigrid with application to unsteady flows past airfoils and wings. AIAA 10th Computational Fluid Dynamics Conference, Honolulu, 1991.

[3] Riege H. First experiments with detached-eddy simulations in the aeronautics industry. In: Symposium on Hybrid RANS - LES methods, Stockholm, 2005: 14 - 15.

[4] Spalat P R, Allmaras S R. A one-equation turbulence model for aerodynamic flows. La Recherche Aerospatiale, 1994, 1: 1 - 21.

[5] Spalart P R, Jou W H, Strelets M, et al.Components on the feasible of LES for wings and on hybrid RANS - LES approach. In: First AAFOSR International Conference on DES/LES, Ruston, 1997.

[6] Spalart P R, Deck S, Shur M L, et al. A new version of detached-eddy simulation, resistant to ambiguous grid densities. Theoretical and Computational Fluid Dynamics, 2006, 20(3): 181 - 195.

[7] MacDevitt J B. Supercritical flow about a thick circular-arc airfoil, NASA TM 78549.

[8] MacDevitt J B, Levy Jr L L, Deiwert G S. Transonic flow about a thick circular-arc airfoil. AIAA Journal, 1976, 14(5): 606 - 613.

[9] Levy Jr L L. Experimental and computational steady and unsteady transonic flows about a thick airfoil. AIAA Journal, 1978, 16(6): 564 - 572 .

［10］ Haase W, Aupoix B, Bunge U, et al. FLOMANI—A European initiative on flow physics modeling. Heidelberg: Springer, 2006.

［11］ Haase W, Peng S - H. Advances in Hybrid RANS - LES modelling. Notes on Numerical Fluid Mechanics and Multidisciplinary Design, Heidelberg: Springer, 2008.

［12］ Haase W, Braza M, Revell A. Desider—a European effort on hybrid RANS - LES modelling. Notes on Numerical Fluid Mechanics and Multidisciplinary Design, Heidelberg: Springer, 2009, 103.

［13］ Tijdeman H. Investigation of the transonic flow around oscillation airfoils. NLR TR 77090 U, National Aerospace Laboratory, The Netherlands, 1977.

［14］ Nae C. Numerical simulation of the synthetic jet actuator. In: ICA 0. 266, ICAS 2000, Harrogate.

［15］ Mabey D G. Oscillatory flows from shock induced separations on biconvex airfoils of varying thickness in ventilated wind tunnels. In: AGARD CP-296, 1980.

［16］ Nae C. Efficient LES using beta-gamma scheme and wall laws. In: ICFD 2001, Oxford.

［17］ Vos J, Chaput E, Arlinger B, et al. Recent advances in aerodynamics inside the NSMB (Navier-Stokes Multi-Block) consortium. 36th Aerospace Sciences Meeting and Exhibit, 1998, Reno.

［18］ Roe P L. Approximate riemann solvers, parameter vectors, and difference schemes. Journal of Computational Physics, 1981, 43, 357 - 372.

［19］ van Leer B. Toward the ultimate conservation difference scheme a second-order sequel to Godunov's method. Journal of Computational Physics, 1979, 32: 101 - 136.

第4章

带副翼 NACA0012 翼型上的激波/边界层干扰
Marianna Braza

4.1 IoA 实验

4.1.1 简介

本章介绍 IoA 开展的实验研究,以及 UoL 和 IMFT 开展的数值模拟和湍流建模研究。IoA 针对跨声速流场中带副翼的 NACA0012 翼型,研究了激波/边界层干扰非定常流动及其诱发的激波振荡。

在 IoA 的 N‒3 风洞中开展风洞实验研究,在实验初期,风洞实验段壁面为多孔壁,但为了与数值模拟结果进行对比,经 UFAST 项目组批准及其他参研单位认可,采用无孔壁面代替多孔壁。

本章有两个研究目标,一是探究在发生/未发生激波诱导分离的情形下,副翼偏转对跨声速流场的影响;二是研究激波振荡的非定常特性,并利用副翼的周期性运动控制激波振荡。

核心研究人员:Barbut G、Braza M、Miller M、Kania W、Hoarau Y、Barakos G、S'evrain A。

4.1.2 实验设置

IoA 的 N‒3 风洞是一座可实现亚、跨、超声速流场的下吹式风洞,马赫数模拟范围为 0.3~2.3,其中亚、跨声速流场的马赫数模拟范围为 0.3~1.15。实验段横截面为 0.6 m×0.6 m,长度为 1.58 m,见图 4.1(0.5°表示管道存在扩张角)。在实验过程中,模型支撑机构可连续改变攻角。

如图 4.2 所示,NACA0012 翼型模型的展向宽度为 596 mm,弦长为 180 mm,

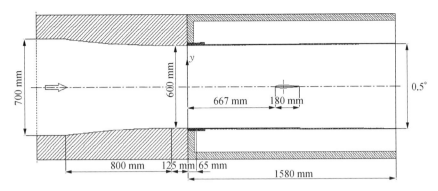

图 4.1　N‐3 风洞实验段示意图(实验段中间处为 NACA0012 翼型)

主体的转轴位于 35% 弦长处;副翼长度为 36 mm,副翼前缘半径为 4.69 mm,副翼
的转轴位于模型 80% 弦长处;机翼主体和副翼之间的间隙为 0.3 mm。

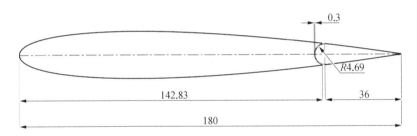

图 4.2　带副翼 NACA0012 翼型模型的几何尺寸(单位: mm)

　　风洞实验前,首先测量驻室内的滞止压力和滞止温度,然后测量实验段上壁面
和下壁面处的静压分布,并计算流场马赫数。副翼偏转角为 $\Delta\delta_f = \pm 10°$,转动频
率范围为 $f_f = 0 \sim 10$ Hz。 基于 UFAST 项目其他风洞实验结果可知,翼型上的激
波振荡频率超出了副翼转动机构的控制能力范围,因此对副翼控制机构中的滑块
曲柄机构进行了优化,以提高副翼转动的频率,翼型模型机械控制示意图见图 4.3。
　　优化后的最大副翼转动频率为 $f_f = 100$ Hz,偏转角为 $\Delta\delta_f = \pm 2.5°$。 受驱动
电机功率限制,实验采用的副翼转动频率范围为 $f_f = 0 \sim 35$ Hz,偏转角为
$\Delta\delta_f = \pm 2°$,副翼控制装置见图 4.4。

4.1.3　NASA 的风洞实验结果

　　将零副翼偏转角条件下的实验结果与 NASA 艾姆斯研究中心高雷诺数实验
室的实验结果进行对比[3]。在马赫数为 0.7~0.8 的流场条件下,激波振荡的起

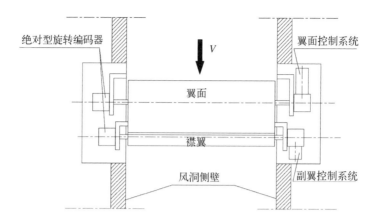

图 4.3   NACA0012 翼型模型机械控制示意图

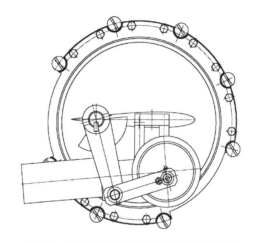

图 4.4   NACA0012 翼型模型副翼控制装置

始攻角 α_{bo} 的预测值接近。马赫数为 0.78 的流场中,预测的 α_{bo} 值相差约 0.1°;马赫数为 0.8 的流场中,α_{bo} 的差值相应变大,结果见图 4.5,实验结果来自 IoA N-3 风洞和 NASA 艾姆斯研究中心 HRN 风洞。

4.1.4   时间平均压力测量结果

在模型的上表面和下表面共布置了 48 支 $\phi 0.4$ mm 的压力测孔,使用三个 16 通道电子扫描阀(EPS-16HD)测量机翼表面的静压分布。

1. 马赫数约 0.7、零副翼偏转角,NACA0012 翼型表面压力系数分布

在马赫数约 0.7、副翼偏转角 $\delta_f = 0°$、攻角 $\alpha = 6°$ 和 7° 时,翼型表面的压力系数分布结果见图 4.6。

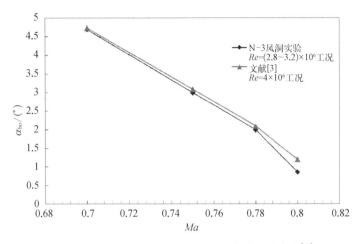

图 4.5　NACA0012 翼型出现激波振荡的起始攻角[3]

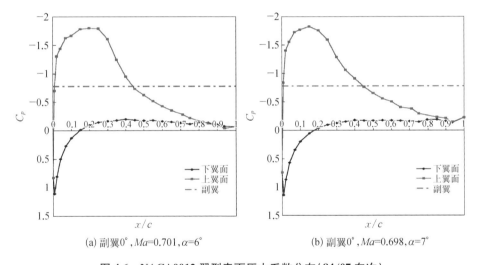

(a) 副翼0°, Ma=0.701, α=6°　　　　(b) 副翼0°, Ma=0.698, α=7°

图 4.6　NACA0012 翼型表面压力系数分布(84/07 车次)

2. 副翼偏转角对机翼表面压力分布的影响

在马赫数为 0.75、攻角 $\alpha = 0°$ 和 5°、副翼偏转角 $\delta_f = 0° \sim 6°$ 时,翼型表面压力系数分布见图 4.7。

实验结果表明,攻角为 0° 时,模型上表面与下表面压力系数存在差异,因此对实验结果进行流向角影响修正。马赫数为 0.7、雷诺数为 2.63×10^6、副翼偏转角 $\delta_f = 0°$、攻角 $\alpha = 0° \sim 7°$ 时,经流向角修正后的翼型表面压力系数分布见图 4.8。

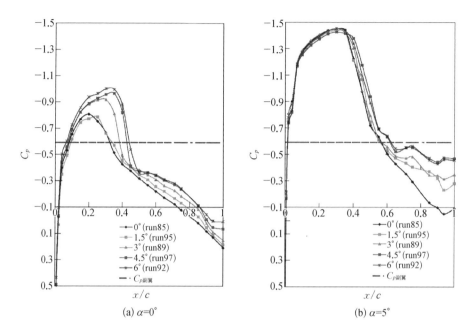

图 4.7   NACA0012 翼型表面压力系数分布（上表面）

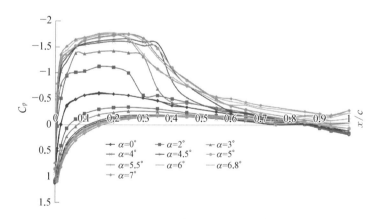

图 4.8   NACA0012 翼型表面压力系数分布（修正后）

3. 副翼偏转角对激波振荡起始攻角的影响

在马赫数为 0.7、0.75、0.78 和 0.8 的条件下，副翼偏转对激波振荡起始攻角的影响见图 4.9。在马赫数为 0.7、0.75 和 0.8 条件下，副翼偏转角对激波振荡起始升力系数的影响见图 4.10。

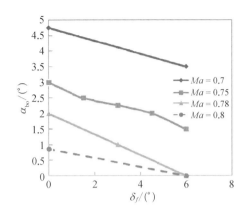

图 4.9　副翼偏转角对激波振荡起始攻角的影响

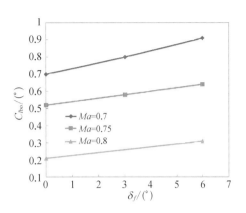

图 4.10　副翼偏转角对激波振荡起始升力系数的影响

4. 阴影显示结果

在马赫数为 0.7、0.75、0.78 和 0.8 的流场条件下,采用数字相机开展阴影显示测量。马赫数为 0.7、$\alpha = 2° \sim 6°$ 的阴影显示结果见图 4.11。从 $\alpha = 5°$ 起,激

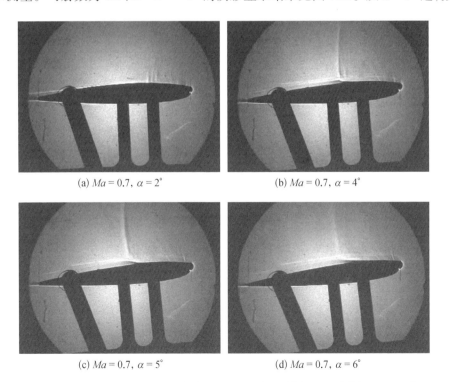

(a) $Ma = 0.7$, $\alpha = 2°$　　　　　　(b) $Ma = 0.7$, $\alpha = 4°$

(c) $Ma = 0.7$, $\alpha = 5°$　　　　　　(d) $Ma = 0.7$, $\alpha = 6°$

图 4.11　NACA0012 翼型上的激波/边界层干扰(马赫数 0.7,雷诺数 2.69×10^6)

波开始呈现出非定常振荡特征。

4.1.5   非定常压力测量结果

在50%和75%弦长处,安装了两支 Kulite LQ‑125 脉动压力传感器,采用 ESAM TRAVELER 数据采集系统测量并分析翼型表面的非定常压力结果[4]。

1. 基于非定常压力测量结果确定激波起始振荡攻角

在马赫数为0.7、0.75 和 0.8、副翼偏转角为0°时,75%弦长处的脉动压力传感器测量结果见图4.12,基于脉动压力均方根曲线能够判定是否发生激波振荡现象。

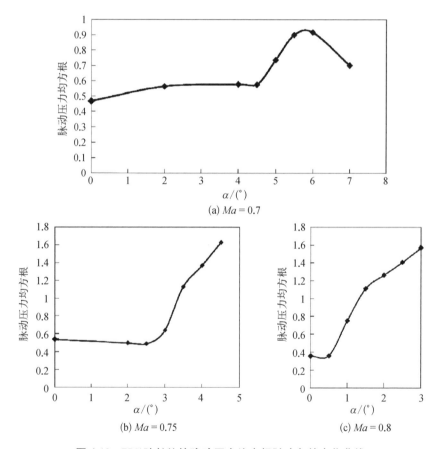

(a) *Ma* = 0.7

(b) *Ma* = 0.75

(c) *Ma* = 0.8

图 4.12   75%弦长处的脉动压力均方根随攻角的变化曲线

基于非定常压力测量和静压分布结果确定的发生激波振荡的起始攻角见表4.1。

表 4.1　激波振荡起始攻角对比

Ma	0.7	0.75	0.8
根据非定常压力确定的起始攻角	4.5°	2.8°	0.5°
根据后缘静压发散确定的起始攻角	4.8°	3°	0.9°

2. 副翼偏转角激波起始振荡攻角的影响

马赫数 0.7、副翼偏转角 $\delta_f = 0°$ 和 6°时,由 75%弦长处的脉动压力均方根曲线确定发生激波振荡起始攻角值,结果见图 4.13。

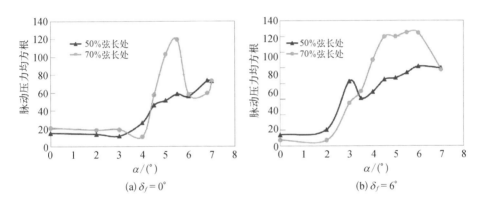

(a) $\delta_f = 0°$　　　　　　　　(b) $\delta_f = 6°$

图 4.13　基于脉动压力均方根确定激波振荡起始攻角(马赫数 0.7,副翼偏转角 $\delta_f = 0°$ 和 6°)

3. 马赫数 0.7 流场的非定常压力测量结果

对马赫数为 0.7、雷诺数为 2.63×10^6 和 0°~6°攻角条件下,50%和 75%弦长处的脉动压力进行功率谱密度分析。50%弦长处的脉动压力功率谱结果见图 4.14,此处的激波振荡起始攻角为 $\alpha_{bo} = 5°$,此时频率为 74 Hz,随着攻角增大,频率逐渐增大为 110 Hz。75%弦长处的脉动压力功率谱密度分布见图 4.15,此处的激波振荡起始攻角为 $\alpha_{bo} = 4.5°$,此时激波振荡频率为 82 Hz。

4.1.6　信号处理方法

压力测量信号呈现强烈的随机性,包含各种频率的信号,见图 4.14。IMFT 采用了自回归(autoregressive,AR)建模、Burges 算法和小波分析等信号处理方法,提取并分析信号中的有序成分。

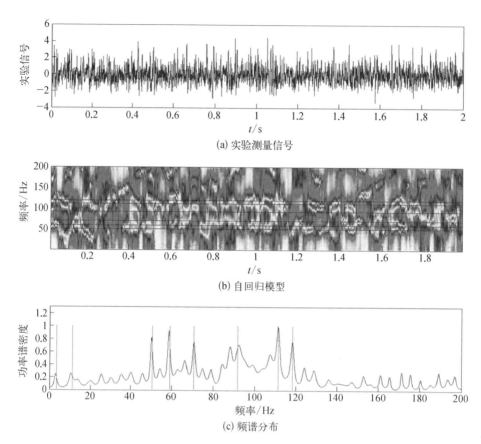

(a) 实验测量信号

(b) 自回归模型

(c) 频谱分布

图 4.14 50%弦长处的脉动压力功率谱结果

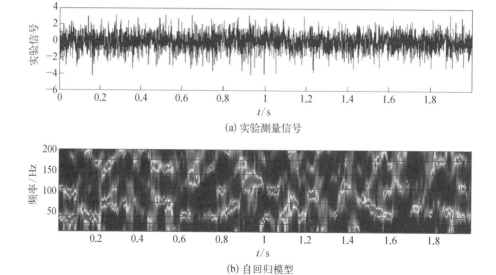

(a) 实验测量信号

(b) 自回归模型

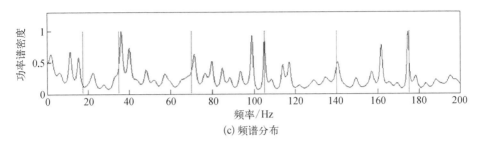

(c) 频谱分布

图 4.15　75%弦长处的脉动压力功率谱结果(f=35 Hz, δ_f=2°)

应用自回归模型辨识出流场中的主频为 95~100 Hz,该频率对应激波振荡,并伴有 50 Hz 的一阶谐波。图 4.14 中的傅里叶变换结果表明,该条件下存在多个频率成分。

当副翼以 f = 35 Hz 频率转动时,自回归和小波分析结果表明流场中存在以该频率(35 Hz)及其一阶谐频(70 Hz)运动的结构。Morlet 小波变换信号处理方法与结果见图 4.16。

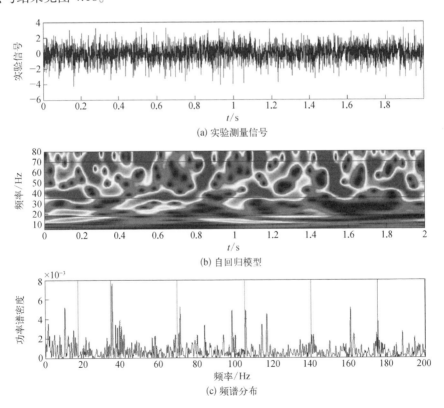

(a) 实验测量信号

(b) 自回归模型

(c) 频谱分布

图 4.16　Morlet 小波变换信号处理方法与结果(f=35 Hz, δ_f=2°)

4.2   数值模拟研究

4.2.1   简介

针对跨声速风洞实验状态开展数值模拟研究。UoL 和 IMFT 应用 SA‐
URANS、$k‐\varepsilon‐$URANS、$k‐\omega‐$URANS、$k‐\varepsilon‐$DES 和 SA‐DDES 方法等,均能够
模拟激波振荡现象。IMFT 应用自回归模型(Burges 算法)和 Molert 小波分析等
信号处理方法,与实验测得的压力信号进行对比,辨识出激波振荡频率。

4.2.2   结果和讨论

使用 ICEM‐CFD Hexa 软件生成结构网格,见图 4.17。UoL 使用自行研发

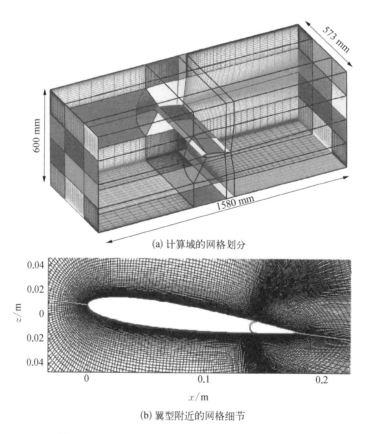

(a) 计算域的网格划分

(b) 翼型附近的网格细节

图 4.17   ICEM‐CFD Hexa 软件生成的结构网格

的 PMB 代码,IMFT 使用 NSMB 代码并应用高阶湍流模型。

机翼表面的网格分辨率高于实验段壁面处的网格分辨率,并对 NACA0012 机翼前 20% 区域进行网格优化,以有效捕获激波和激波/边界层干扰诱发的流动分离。在较大攻角条件下(最大可达 6.8°),翼型表面出现激波振荡,因此也对出现激波振荡处的网格进行优化。网格总数量为 265 万,图 4.17 给出了网格的主要尺寸、拓扑结构及翼面附近的细节。

1. 流动条件的研究

采用 $k-\omega$ – URANS 开展了数值模拟研究[1],在马赫数 0.7、5°攻角条件下捕捉到激波振荡,与 IoA 风洞实验结果相近。

在存在风洞壁面的条件下,翼型表面流动结构见图 4.18。在马赫数 0.7、5°攻角条件下,激波诱发流动分离,且在两侧壁附近的流场中发生较大尺度的流动分离。尽管翼型表面的流动呈现出显著的三维特征,但中心截面处的流场可以近似认为是展向均匀的,即可应用二维数值模拟来代替三维模拟,这种近似处理能够有效地降低计算成本。除了侧壁外,在数值模拟中还应考虑上、下壁面的影响。

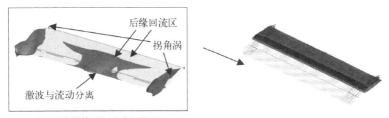

(a) 压力等值面与上表面流线

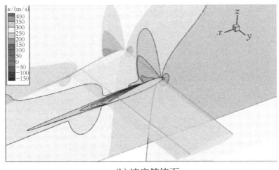

(b) 速度等值面

图 4.18　翼型附近流场(马赫数 0.7,5°攻角)

上、下壁面对翼型中心表面压力系数分布的影响见图 4.19。在马赫数为 0.75、雷诺数为 2.81×10⁶、0°攻角条件下,存在上壁面时的表面压力系数比无壁面时高。无壁面条件下,在更高的流场马赫数和攻角下才会发生激波振荡现象。因此,需要对上、下壁面进行模拟。

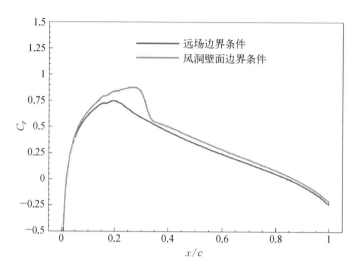

图 4.19 有/无实验段上壁面时翼型中心表面压力系数分布

数值模拟结果与实验结果的对比见图 4.20,对包含侧壁、上下壁面的流场进行完全模拟的数值模拟结果更接近实验结果。此外,数值结果表明机翼主体与副翼之间的缝隙可能影响副翼附近的流场。

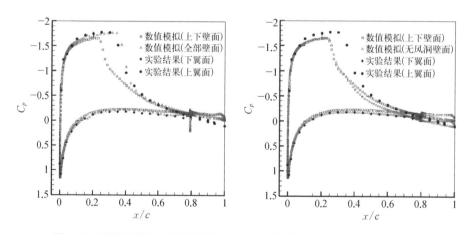

图 4.20 实验段壁面对翼型表面压力分布系数影响的数值模拟与实验结果

为了研究缝隙的影响,采用融合副翼构型(图 4.21),将其与超限(transfinite)网格插值一起使用,对副翼的转动进行模拟。

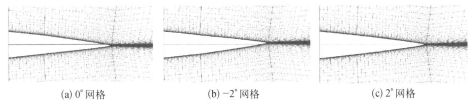

(a) 0°网格　　　　　　　(b) −2°网格　　　　　　　(c) 2°网格

图 4.21　融合副翼构型

这种构型能够保证机翼表面的连续性及更简单的网格拓扑,且更接近 IoA 实验中的简化模型构型,实验中将机翼主体与副翼之间的缝隙进行密封处理。在副翼从 0°偏转至 10°的过程中,网格质量并未明显变差。

在马赫数 0.75、雷诺数 2.81×10^6、0~5°攻角、3°副翼偏转角条件下,采用开缝和融合副翼构型的数值模拟结果见图 4.22 和图 4.23。

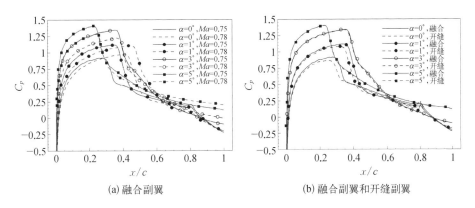

(a) 融合副翼　　　　　　　　　　　　(b) 融合副翼和开缝副翼

图 4.22　融合和开缝副翼构型表面压力系数分布

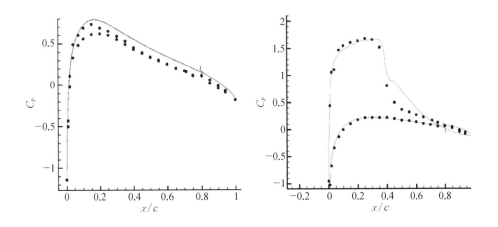

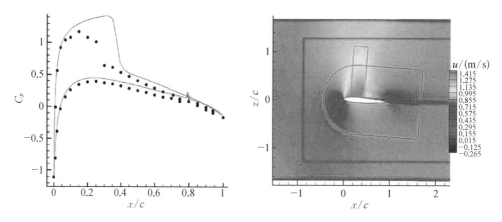

图 4.23　0°~5°攻角下副翼构型的表面压力系数(带有 Chien 衰减函数的 k - ε - URANS)

　　机翼主体与副翼间缝隙处的流场见图 4.24。机翼上、下表面之间的压力差驱动气流穿过缝隙,在上表面缝隙处引起扰动,在图 4.22 所示的表面压力系数分布中也有所体现。

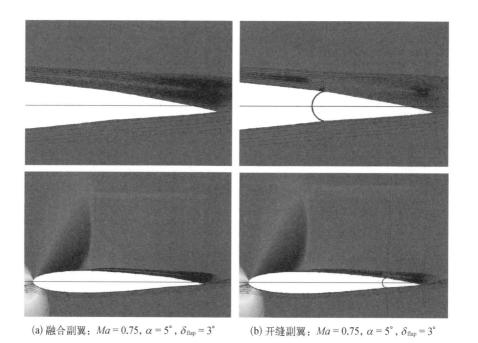

(a) 融合副翼: $Ma = 0.75$, $\alpha = 5°$, $\delta_{flap} = 3°$ 　　(b) 开缝副翼: $Ma = 0.75$, $\alpha = 5°$, $\delta_{flap} = 3°$

图 4.24　3°副翼偏转角下的机翼尾缘附近流场

　　IMFT 采用带有 Chien 衰减函数的 k-ε-URANS 方法开展了小攻角状态下的数值模拟,结果见图 4.23,直到攻角增大至 4°时,也未观测到激波振荡现象。

　　2. 对激波振荡的数值模拟

　　首先研究无上、下壁面时激波的起始振荡条件。在马赫数为 0.7、雷诺数为 2.83×10^6、0°副翼偏转角条件下,模型攻角缓慢增大,翼型升力系数(乘以展向宽度)随时间变化的曲线见图 4.25,由图可知,在 4.8°攻角下,流动稳定且未发生激波振荡;当攻角增大至 5.8°时,升力系数曲线呈现周期性特征,但振幅随着时间变化逐渐减小;当攻角继续增大至 6.8°时,激波振幅随时间变化基本保持为常值。

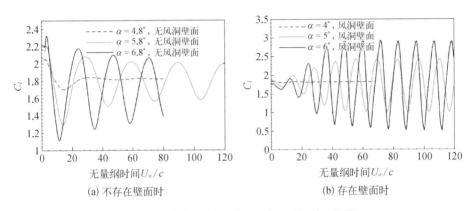

(a) 不存在壁面时　　　　　　　　　　(b) 存在壁面时

图 4.25　存在/不存在上、下壁面时的激波振荡

　　在考虑壁面影响的数值模拟结果中,在更低的攻角姿态下即可发生激波振荡现象,如图 4.25(b)所示,4°攻角下,流动是稳定的;攻角增大至 5°时即形成稳定的激波振荡周期性特征,这与前面关于壁面对翼型表面压力系数分布影响的结论一致。

　　在壁面的影响下,翼型表面压力系数略微增大,机翼附近的激波强度也增大,在更小的攻角条件下即可发生激波/边界层干扰诱发的流动分离。正如图 4.25 所示,无壁面构型、攻角为 6.8°时,升力系数的振幅与存在壁面、5°攻角时的振幅基本相等。那么,诱发激波振荡的核心机制是什么? 从图 4.25 的结果可计算得到激波振荡的主频为 90 Hz,由于 IoA 风洞实验没有提供风洞温度、来流速度等信息,难以将频率进行合理的无量纲化。

　　5°攻角和 6°攻角条件下,中心截面处的流场见图 4.26。在两种模型姿态下,翼型前缘均形成一道较强的激波,激波/边界层干扰诱发流动分离,分离区发展,使得激波向上游移动且其强度进一步增大,形成更大尺寸的流动分离区,引起边界层内的动量重新分配,激波强度随之减弱,激波向下游移动。

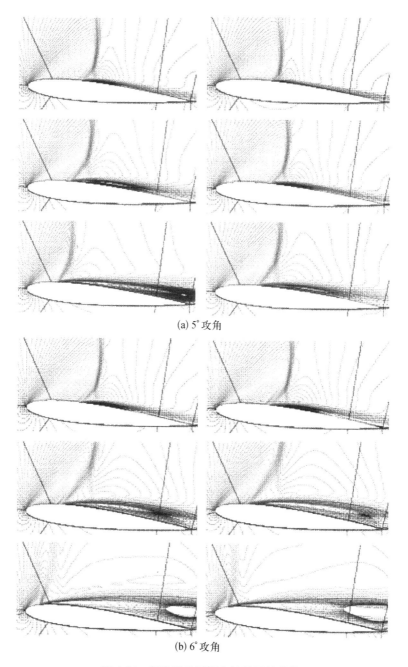

(a) 5° 攻角

(b) 6° 攻角

图 4.26　激波振荡周期内的等马赫数线

除了 URANS 方法,还可应用 DES 方法对马赫数 0.7、雷诺数 2.63×10^6、6.8°攻角下的状态进行数值模拟,结果见图 4.27 ~ 图 4.29。对多个振荡周期内的流场作时间平均(图 4.30 和图 4.31),结果表明振荡的主频是 90 Hz,但也存在

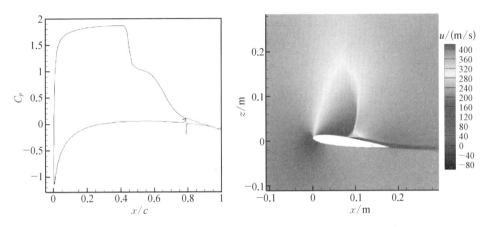

图 4.27　压力系数分布与流向速度 u 云图(马赫数 **0.7**,雷诺数 2.63×10^6,**6.8°**攻角)

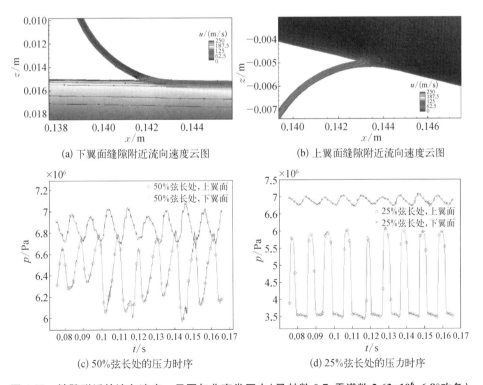

(a) 下翼面缝隙附近流向速度云图　　(b) 上翼面缝隙附近流向速度云图

(c) 50%弦长处的压力时序　　(d) 25%弦长处的压力时序

图 4.28　缝隙附近的流向速度 u 云图与非定常压力(马赫数 **0.7**,雷诺数 2.63×10^6,**6.8°**攻角)

450 Hz 的频率。另外,图 4.31 表明机翼中位面附近存在分离。因此,在数值模拟过程中需要采用可以解析频率高达 1 000 Hz 的时间步长。

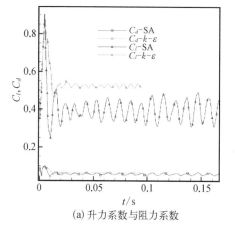

(a) 升力系数与阻力系数

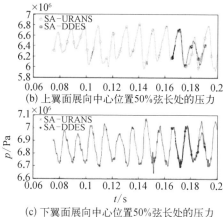

(b) 上翼面展向中心位置50%弦长处的压力

(c) 下翼面展向中心位置50%弦长处的压力

图 4.29　升力系数、阻力系数和压力分布(**SA－URANS 与 SA－DDES**,马赫数 **0.7**,雷诺数 **2.63×10⁶,6.8° 攻角**)

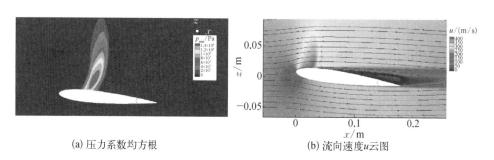

(a) 压力系数均方根

(b) 流向速度 u 云图

图 4.30　压力系数均方根和流向速度 u 云图(马赫数 **0.7**,雷诺数 **2.63×10⁶,6.8° 攻角**)

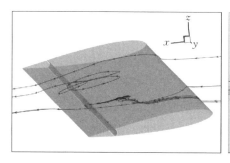

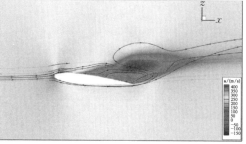

图 4.31　翼型上的流线

图 4.28 中的流向速度云图和压力时序变化曲线表明,缝隙上游存在可压缩效应和非定常的激波/边界层干扰。

采用控制方程为相位平均的 N‐S 方程的 URANS 方法获得压力系数随时间演变的相位平均值,并进行高频滤波,结果见图 4.29。结果表明,抖振频率约为 95 Hz,与 IoA 实验结果吻合较好。展向 50% 和 75% 处的压力系数见图 4.32,与实验结果吻合较好。

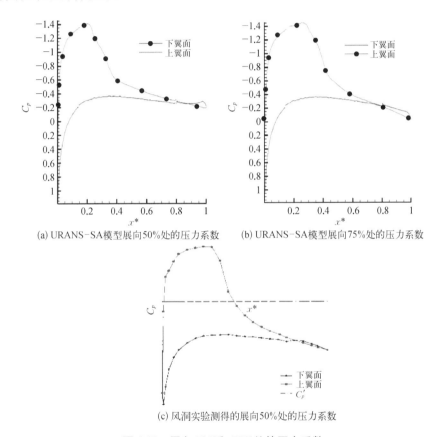

(a) URANS-SA 模型展向 50% 处的压力系数　　(b) URANS-SA 模型展向 75% 处的压力系数

(c) 风洞实验测得的展向 50% 处的压力系数

图 4.32　展向 50% 和 75% 处的压力系数

3. 基于副翼转动的流动控制方法

由于副翼转动算例条件发布得较晚,UoL 决定根据前期工作获得的激波振荡频率进行副翼转动模拟,工况为激波振荡频率和 1/3 激波振荡频率、2° 偏转角。

使用融合副翼网格进行计算,见图 4.33 和图 4.34,结果表明副翼转动并没有显著影响气动力系数。图 4.33 为副翼以激波振荡频率转动时的结果,流动从定常状态转为非定常状态后,气动力系数表现出周期性特性。

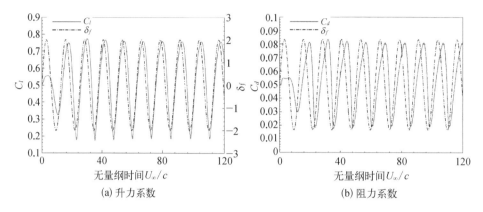

(a) 升力系数 　　　　　　　(b) 阻力系数

图 4.33　副翼以激波振荡频率转动,偏转角为 2°时的气动力系数

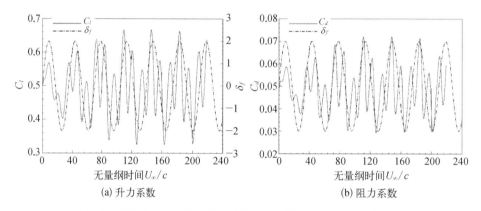

(a) 升力系数 　　　　　　　(b) 阻力系数

图 4.34　副翼以 1/3 激波振荡频率转动,偏转角为 2°时的气动力系数

图 4.34 是副翼以 1/3 激波振荡频率转动的结果,流场中引入了额外的频率并引起了气动力系数的变化,其中马赫数为 0.7,雷诺数为 $2.63×10^6$。由图 4.35 可知,对比施加和未施加流动控制的流场结果,在副翼低频转动的情形下,气动力系数是降低的。

采用 SA‑DES 预测的表面平均压力系数与实验结果吻合较好(图 4.36,研究单位为 UoL)。副翼固定和以 30 Hz 频率转动时的气动力系数见图 4.37(横坐标表示无量纲时间),结果表明副翼转动导致升力系数略微减小。

副翼以相同频率(100 Hz,接近激波振荡频率)、不同相位转动时的结果见图 4.38,其中马赫数为 0.73、攻角为 5°、雷诺数为 $2.63×10^6$,两种情况均导致升力系数增大。其中,图 4.38(b)展示了在第一种相位条件下速度小于 0 的区域。

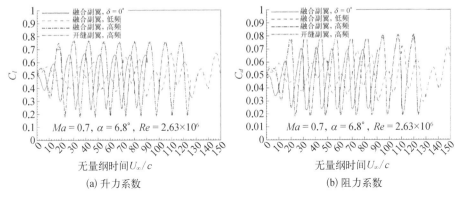

(a) 升力系数　　　　　　　　(b) 阻力系数

图 4.35　有无流动控制下的气动力系数

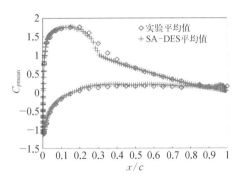

图 4.36　SA－DES 与实验壁面平均压力系数分布对比

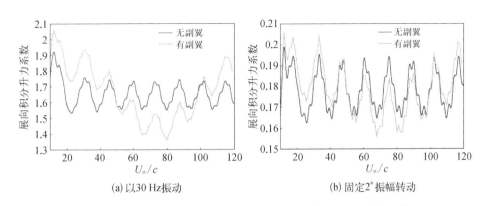

(a) 以 30 Hz 振动　　　　　　(b) 固定 2° 振幅转动

图 4.37　副翼固定和以 30 Hz、2° 振幅转动时的展向积分升力系数

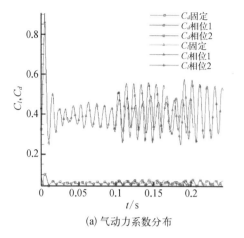

(a) 气动力系数分布

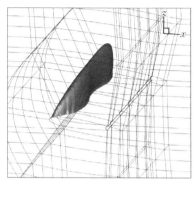

(b) 展向三维结构

图 4.38 副翼以不同相位、相同频率(100 Hz)转动时的气动力系数振荡和展向三维结构

图 4.39 展示了间隙内和 75% 弦长处以 100 Hz 频率转动(第一个相位条件)的情况下,展向中位面的壁面压力脉动,其中马赫数为 0.73、攻角为 5°、雷诺数为 2.63×10^6,结果表明,该副翼转动压力脉动振幅和绝对平均值均增加。

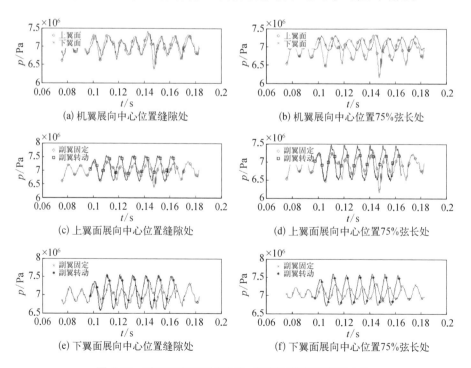

(a) 机翼展向中心位置缝隙处

(b) 机翼展向中心位置75%弦长处

(c) 上翼面展向中心位置缝隙处

(d) 上翼面展向中心位置75%弦长处

(e) 下翼面展向中心位置缝隙处

(f) 下翼面展向中心位置75%弦长处

图 4.39 副翼固定和以 100 Hz、2° 振幅转动时缝隙内和 75% 弦长处展向中心位置的壁面压力脉动

4.3　结论

IoA 针对 NACA0012 翼型在跨声速流场开展了激波/边界层干扰实验研究。实验测得了翼型表面的时均压力与脉动压力分布,基于脉动压力分布辨识出翼型表面的激波振荡现象。使用自回归建模、小波分析等信号处理方法分析非定常信号,获得了低振幅(2°)、低频(35 Hz,远低于振荡频率 95 Hz)副翼运动对振荡幅度的抑制作用。UoL 和 IMFT 开展了数值模拟研究,采用 URANS 方法和 DES 方法能够预测激波振荡现象,且与实验结果之间基本一致。此外,副翼以 30 Hz 的频率转动时,气动力系数略微减小,这为进一步削弱或控制激波振荡提供了一种新的途径。

参考文献

[1] Batten P, Goldberg U, Chakravarty S. Sub-grid turbulence modeling for unsteady flow with acoustic resonance. 38th Aerospace Sciences Meeting and Exhibit, Reno, 2000.

[2] Miller M, Kania V. Parameters for aerofoil and aileron oscillations, UFAST Deliverable D3.1.3, 2009.

[3] Barakos G, Drikakis D. Numerical simulation of transonic buffet flows using various turbulence closures [J]. International Journal of Heat and Fluid Flow, 2000, 21 (5): 620 – 626.

[4] Bourguet R, Braza M, Harran G, et al. Anisotropic organised eddy simulation for the prediction of non-equilibrium turbulent flows around bodies [J]. Journal of Fluids and Structures, 2008, 24(8): 1240 – 1251.

Part II
喷 管 流 动

第5章

翼型上的受迫激波振荡
Reynald Bur

5.1 简介

本章介绍机械式涡流发生器对定常激波和激波振荡的流动控制研究。对于定常激波情形,激波/边界层干扰诱发形成大尺度的流动分离区。在第二喉道附近的转动装置作用下,激波发生非定常振荡,振荡频率与幅值分别约为 30 Hz 和 30 mm。应用 URANS 与 DES 方法,对实验状态进行数值模拟研究。

5.2 风洞实验

5.2.1 实验装置

本节实验在法国国家航空航天研究院的 S8Ch 风洞开展[图 5.1(a)],该风洞为连续式风洞,使用干燥空气作为实验气体。实验段高度为 100 mm、宽度为 120 mm,实验段的上壁面为平直段,下壁面为装有半翼型的平直段。根据该翼型的几何特征,在其末段会形成较强的激波/边界层干扰并诱发边界层分离。流场总压和总温分别为 $p_{st} = 0.96 \times 10^5 \, \text{Pa} \pm 300 \, \text{Pa}$ 与 $T_{st} = 300 \, \text{K} \pm 10 \, \text{K}$,单位雷诺数约为 14×10^6,翼型尾部处的流场马赫数为 1.45。

在风洞第二喉道段附近设置了一个转动装置,该装置能够以椭圆形路径转动,进而在实验段产生近似为正弦波的压力脉动,迫使激波产生振荡现象。在本节实验条件下,激波振荡的频率为 30 Hz,振荡的幅值约为 30 mm。

如图 5.1(b)所示,将实验段下壁面的起点设为坐标原点,x 轴为自由来流方

(a) 风洞照片

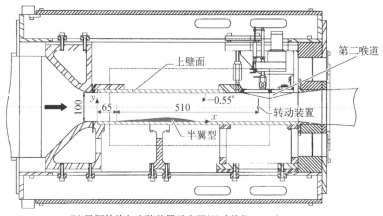

(b) 风洞结构与实验装置示意图(尺寸单位：mm)

图 5.1　S8Ch 风洞及实验装置与结构图

向,y 轴垂直于下壁面并指向上壁面,z 轴为展向方向(将中心线处设为 $z = 0$)。实验段上壁面与 x 轴之间呈$-0.55°$夹角,转动装置的转轴位于 $x = 575$ mm 处。

5.2.2　流动控制装置

本节的主要研究内容为机械式涡流发生器(VGs)对定常激波与边界层分离诱发激波振荡的控制作用。为了对激波/边界层干扰进行有效控制,将涡流发生器设置在干扰区上游,即翼型构型最高点下游 10 mm 处($x_{VG} = 261.37$ mm),并沿展向设置多组涡流发生器。涡流发生器为三角楔构型,分为同向涡流发生器与反向涡流发生器(图 5.2),两类涡流发生器与来流方向的夹角均为 $18°$。涡流发生器的高度 h 是关键参数,基于 h 可将涡流发生器分为传统涡流发生器

（$h/\delta = 1$）和微型涡流发生器（$h/\delta = 0.5$），其中 δ 为边界层厚度（$\delta = 4\,\text{mm}$）。每组涡流发生器之间的间距参考文献[1]和文献[2]。共针对六组涡流发生器开展了实验研究,六组涡流发生器的几何参数详见表5.1。其中两组为同向涡流发生器,四组为反向涡流发生器(图5.3)。

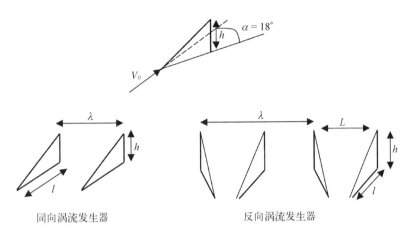

同向涡流发生器　　　　　　　　　反向涡流发生器

图5.2　机械式涡流发生器的主要尺寸

表5.1　六组涡流发生器的几何参数

参　数	同向涡流发生器		反向涡流发生器			
	CoC1	CoS1	C1	C2	S1	S2
h/δ	1	0.5	1	1	0.5	0.5
l/δ	2.5	2.5	2.5	1.25	2.5	1.25
L/h	—	—	3	1.5	3	1.5
λ/h	6	6	10	5	10	5
数量	5	9	3	5	5	11

5.2.3　实验技术

1. 流场显示

应用纹影显示技术获得实验段内的波系结构,纹影系统使用脉冲光源,脉冲时间为20 ns;Phantom V4.1 高速相机的分辨率为512×512 像素,采集速度为1 000 帧/s。

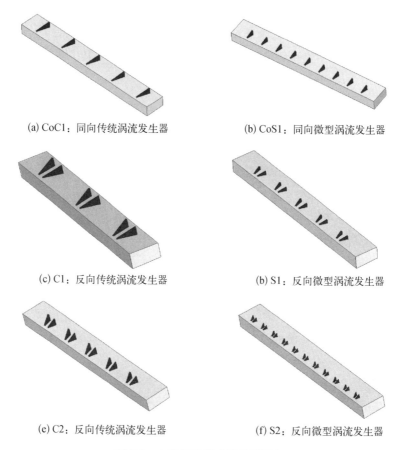

(a) CoC1：同向传统涡流发生器　　　　(b) CoS1：同向微型涡流发生器

(c) C1：反向传统涡流发生器　　　　(b) S1：反向微型涡流发生器

(e) C2：反向传统涡流发生器　　　　(f) S2：反向微型涡流发生器

图 5.3　六类涡流发生器构型特征

对定常激波流场开展彩色油流显示实验,获取基本组实验(未施加流动控制)与控制组实验的拓扑结构。

2. 压力传感器与测量技术

在实验段下壁面距中心线展向距离 10 mm 处,设置了 39 个压力测孔,测压孔直径为 0.4 mm,通过橡胶管与 Statham™ 传感器连接。在激波振荡区附近装置了 12 支脉动压力传感器(图 5.4 中的 P1 ~ P3 和 G1 ~ G9),传感器型号为 Kulite™ XCS093,直径为 0.8 mm,量程为 15 psi。在流动控制实验中, $x = 265$ mm 处的测压孔及 G1、G2 传感器处安装了涡流发生器。

3. LDV 与相位平均技术

对于未施加流动控制的基本组实验,应用两分量激光多普勒测速仪(laser Doppler velocimetry, LDV)测量激波振荡流场的速度分布[3],测量区域为

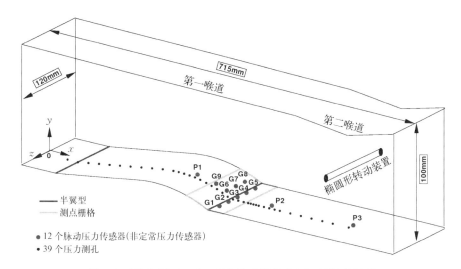

图 5.4   测压孔与 Kulite 压力传感器分布(实验段下壁面)

$285 \text{ mm} \leqslant x \leqslant 445 \text{ mm}$。在正向散射模式下,采用布拉格声光器件产生 15 MHz 的频移,测量气流速度方向。测量探头的半径约为 0.2 mm,因此能够获得最低离壁面约 0.3 mm 处的流速。风洞实验中,在驻室播撒亚微米级的癸二酸己酯粒子,确保示踪粒子在流场中均匀分布。

应用相位平均技术获得速度场分布,并识别出流场中的周期分量与随机脉动分量。将速度变量 $u(x,t)$ 分解为以下三个部分:

$$u(x,t) = \bar{u}(x) + \tilde{u}(x,t) + u'(x,t)$$

式中,$\bar{u}(x)$ 为平均值;$\tilde{u}(x,t)$ 为周期分量;$u'(x,t)$ 为随机脉动分量。

定义相位平均分量为

$$\bar{u}(x) + \tilde{u}(x,t)$$

5.2.4   实验构型与边界条件

数值模拟中,由于风洞入口的速度较低,选择滞止参数作为来流条件。在翼型上游($x = 135$ mm),LDV 测量结果表明该处为亚声速区域,边界层主要参数如下:$\delta = 3.9$ mm,$\delta^* = 0.46$ mm,$\theta = 0.25$ mm,$H_i = 1.63$。

选择第二喉道处的流场参数为流动出口条件。第二喉道高度为 92.7 mm,当转轴位于水平位置时,在翼型下游 12.5 mm 处形成一道正激波,激波与边界层干扰诱发形成大尺度的边界层分离。

对于激波非定常振荡的情形,其振荡频率与幅值分别为 30 Hz 和 30 mm。选择第二喉道高度 $y = 93.4$ mm 时作为参考状态,为了模拟转轴旋转引起的周期性压力信号,在数值模拟中使用频率为 $f = 30$ Hz 的正弦压力信号模拟实验的压力条件,表达式为

$$p = p_{av} \Delta p, \quad \Delta p = \delta p_{av} \sin(2\pi f t)$$

式中,压力的平均值 p_{av} 由实验结果确定。

5.2.5   实验结果

本节主要介绍机械式涡流发生器对定常激波、激波振荡等的作用结果,更多研究结果见文献[4]。

1. 定常激波实验结果

未施加流动控制的基本组实验与应用 VG‒S2 涡流发生器施加控制的流场纹影结果见图 5.5。在基本组状态下[图 5.5(a)],干扰区内存在 λ 激波,边界层发生分离并生成大涡结构。在流动控制情形下[图 5.5(b)],λ 激波的尺寸与分离区尺寸均显著减小,混合层的特征尺寸增大,且在近壁区域能够观测到涡流发生器诱发的涡结构。涡流发生器诱发产生膨胀波,并在其下游形成一系列压缩波。

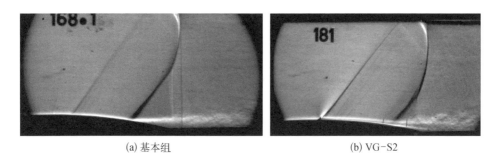

(a) 基本组   (b) VG‒S2

图 5.5   未施加流动控制与应用 VG‒S2 涡流发生器作用下的纹影显示结果

实验段下壁面的压力分布结果见图 5.6,其中参考值为基本组状态下的压力分布,压力平台表明流场中存在大尺度流动分离区,分离点和再附点的位置分别为 $x = 325$ mm 与 $x = 390$ mm。在涡流发生器的作用下,压力平台消失,且由涡流发生器诱发生成的涡结构越多,对流动分离的抑制作用越显著。VG‒S2 包含11 组反向微型涡流发生器,在其作用下有效地抑制了中心线附近的流动分离;

而在展向方向,涡流发生器未能在干扰区上游边界层中诱导生成涡结构。此外,涡流发生器诱发的膨胀波和压缩波的强度均较弱[图 5.5(b)],仅对当地压力值存在一定影响。由于涡流发生器可能会引入额外的阻力,若将涡流发生器高度设计为低于边界层声速线的高度,能够降低其引起的附加阻力。

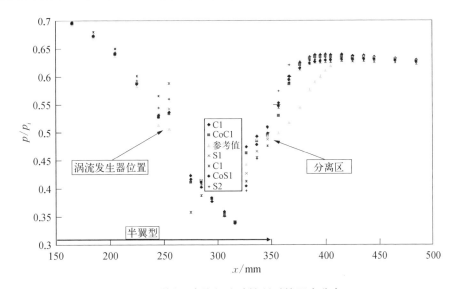

图 5.6　施加/未施加流动控制时的压力分布

除纹影显示和压力测量实验外,还开展了彩色油流显示实验。基本组实验与应用 VG‐C1 涡流发生器施加流动控制的油流显示结果见图 5.7(a)。在涡流发生器诱发的涡结构作用下,分离线呈现为波浪状的形态,部分流体在下游处再附。从油流结果分布来看,相邻的涡合并形成一个更大尺寸的涡结构。图 5.7(b) 对比了传统涡流发生器 VG‐C2 和微型涡流发生器 VG‐S1 的作用结果,涡流发生器的高度对流动拓扑结构的影响比较微弱,且几乎不影响流动分离区的特征尺寸。图 5.7(c) 为同向涡流发生器 VG‐CoS1 与反向涡流发生器 VG‐S1 的实验结果对比,由图可知,同向涡流发生器作用下的流动拓扑结构为非对称型,更适用于对后掠翼型等三维流动的控制。

对于流动分离的作用,涡流发生器的展向数量是一个关键参数。当涡流发生器在展向上的数量增加时,涡流发生器之间的距离相应减小,相邻的涡结构能够合并成一个更大的涡结构,可有效地减小流动分离区的尺寸。结合压力分布特征(图 5.6)可知,在 VG‐S2 模块(由 11 组反向涡流发生器组成)的作用下,压力平台消失。

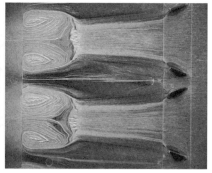

(a) 未施加控制（左）与应用VG-C1施加流动控制（右）结果对比

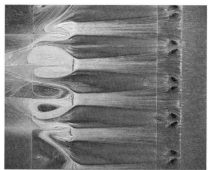

(b) 应用VG-C2（左）与VG-S1（右）施加流动控制的结果对比

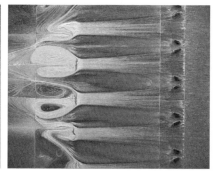

(c) 应用VG-CoS1（左）与VG-S1（右）施加流动控制的结果对比

图 5.7　施加/未施加流动控制时的油流显示结果

2. 受迫激波振荡实验结果

针对频率为 30 Hz 的受迫激波振荡,在未施加与施加流动控制(采用 VG－S2 涡流发生器)的条件下,激波在上游与下游的极限位置见图 5.8。未施加流动控制时[图 5.8(a)],激波振荡的幅值为 30 mm,且激波在上游或下游时的流场结构存在差异：激波在上游极限位置时,边界层处于分离状态,混合层中存在涡结构;激波在下游极限位置时,边界层为附着状态。对激波/边界层干扰施加流动控制后,λ 激波的尺寸减小,涡流发生器在近壁面处诱发生成涡结构,且在上游和下游极限位置处,混合层均得到了进一步发展。图 5.8 中,左侧为激波在上游的极限位置,右侧为激波在下游的极限位置。与未施加流动控制的基本组实验相比,施加流动控制后,激波的上游极限位置偏向下游方向,即激波振荡的幅值略微减小。

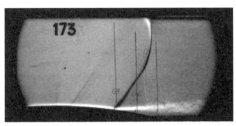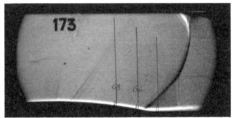

(a) 基本组

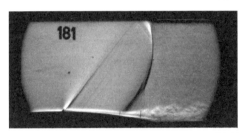

(b) VG-S2

图 5.8　受迫激波振荡的纹影结果(30 Hz)

未施加流动控制时的激波振荡频率为 30 Hz,中心线上压力传感器测得的频谱分布见图 5.9,其中纵坐标为声压水平(sound pressure level,SPL),单位为分贝:

$$\text{SPL}(\text{dB}) = 20 \times \lg\left(\frac{\sqrt{S_{p'p'}}}{p_{\text{ref}}}\right)$$

式中,$S_{p'p'}$ 为谱模量,单位为 Pa^2; $p_{\text{ref}} = 2 \times 10^{-5}\,\text{Pa}$。

传感器的采集频率为 6 000 Hz,频谱分析是基于 50 段 8 192 个数据点信号得到的。

P1 传感器位于 $x = 281.4$ mm 处,该处为超声速流动,对下游的扰动不敏感,因此其频谱中不存在显著的特征频率。G9 传感器($x = 316.4$ mm 处)的频谱在

$f = 30$ Hz 及其谐波处存在峰值,但由于该处位于激波振荡的边缘,谐波的强度较弱。G6 传感器($x = 336.4$ mm 处)的频谱中存在一系列峰值,且在 $f = 30$ Hz 处的能量

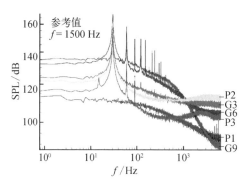

最强。G3 传感器($x = 356.4$ mm 处,位于翼型下游)的主频也是 $f = 30$ Hz,但主频幅值为 160 dB,低于 G6 传感器(G6 传感器主频的幅值为 170 dB),且信号中只有一个峰值。从纹影结果图 5.8(a)可知,G3 传感器总是在激波的下游,因此其频谱中只有一个峰值。P2 传感器($x = 421.4$ mm 处)和 P3 传感器($x = 575$ mm 处,位于转轴下方)的频谱特征几乎是相同的,这两支传感器都位于亚声速区域,易受到下游扰动的影响。

图 5.9 施加/未施加流动控制时,30 Hz 受迫激波振荡在流向上的频谱分布

壁面脉动压力的均方根分布见图 5.10,由图可知,应用涡流发生器施加流动控制后,激波振荡的幅值减小,激波的上游极限位置仍在 G9 传感器的下游,因此脉动压力均方根值几乎与自由来流(P1 传感器位置)的值相等。对于位于分离区下方的 G6 传感器,其脉动压力均方根值则较大。对于位于再附区附近的 G3 传感器,应用不同的涡流发生器时,脉动压力均方根的值存在一定差异。与 P1 传感器相比,P2 传感器的脉动压力均方根值略高,说明再附边界层尚未达到新的平衡状态。

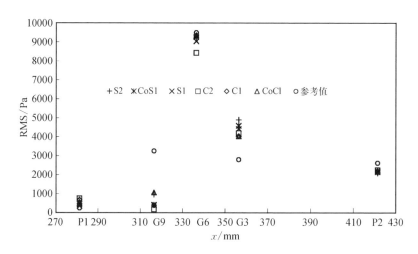

图 5.10 施加/未施加流动控制时,30 Hz 受迫激波振荡的壁面脉动压力均方根分布

5.3　数值模拟

1. 利物浦大学开发的求解器

利物浦大学开发的 3D‐URANS CFD 求解器包含 LES/DES 方法等多种湍流模拟方法。该求解器为并行多块网格求解器,采用隐式时间推进,黏性项采用中心差分格式,对流项则采用 Roe、Osher 及 MUSCL 格式,具有三阶名义精度。

采用 Menter's SST*‐URANS 模拟受迫激波振荡[5]。由于雷诺数较高及存在风洞壁面,采取 Spalart 提出的 DDES 方法[6]进行该算例的模拟。该方法比 LES 方法包含更多的湍流模化过程,但是该流动中唯一实用的湍流模拟方法。

2. 网格生成

采用 ICEM 生成全风洞构型网格,包括收缩段、半翼凸起模型、转动装置和第二喉道(图 5.11)。该构型的计算域便于进行边界条件设置,但过多的网格数量会带来计算上的效率问题。

为了筛选模拟方法,对计算域和构型进行了简化。采用 LDV 测得的速度剖面作为来流条件,采用出口压力边界来模拟对下游转动装置、第二喉道等的作用。简化计算域见图 5.12(b),在激波位置附近,网格长宽比接近 1,有利于减弱数值扰动、提高分离区流动解析效果,网格长宽比在 1~35 范围内变化。边界层内包含 20 个网格点,采用指数增长方式。网格总量约 350 万个,在 64 个 CPU 上并行运行,几乎没有效率损失。

图 5.12(c)为 $x = 135$ mm 处的速度曲线,该处位于干扰区上游。结果表明数值模拟的速度峰值小于实验值,这是计算域的简化、壁面流动的解析及选用的湍流模型等的综合影响的结果。为此,将实验速度曲线作为入口来流条件,并添加了 0.1% 量级的白噪声。

对于控制算例中的涡流发生器,采用较粗的网格构型,选择展向仅有 5 个涡流发生器的 CoC1‐VGs 构型(图 5.3)。图 5.13 展示了涡流发生器在半翼型构型上的排列和附近的多块网格拓扑。对涡流发生器及和构型进行模拟,避免了在控制方程中添加由其引起的动量源项。

＊　SST 表示剪切应力传输。

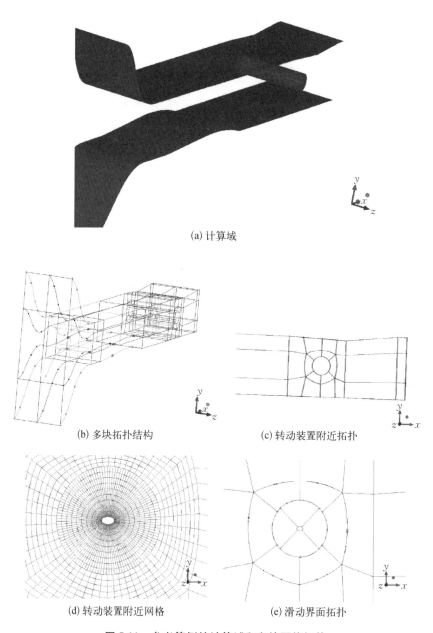

(a) 计算域

(b) 多块拓扑结构　　　　　(c) 转动装置附近拓扑

(d) 转动装置附近网格　　　　(e) 滑动界面拓扑

图 5.11　参考算例的计算域和多块网格拓扑

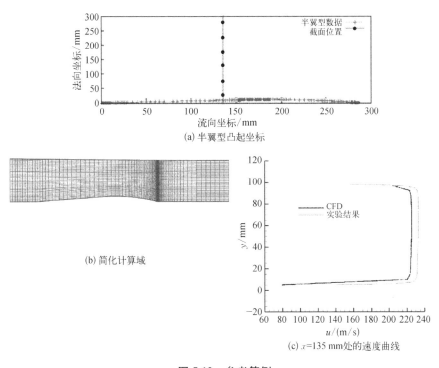

(a) 半翼型凸起坐标

(b) 简化计算域

(c) $x=135\,\mathrm{mm}$ 处的速度曲线

图 5.12　参考算例

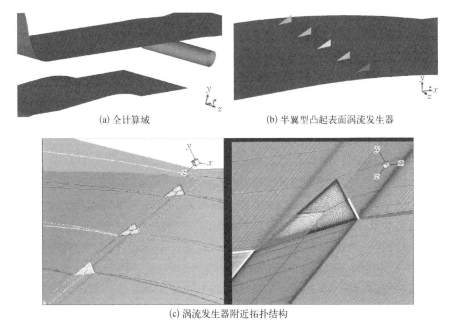

(a) 全计算域

(b) 半翼型凸起表面涡流发生器

(c) 涡流发生器附近拓扑结构

图 5.13　控制算例的计算域和多块网格拓扑

5.4　数值模拟与风洞实验结果的对比

5.4.1　未施加流动控制的基本组数值结果

应用 URANS 方法获得的数值阴影结果见图 5.14,图中展示了频率为 30 Hz 的激波振荡的极限位置,λ 激波的结构与尺寸随着运动而改变。

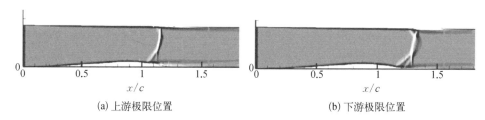

(a) 上游极限位置　　　　　　　　　　　　(b) 下游极限位置

图 5.14　30 Hz 激波振荡的数值阴影结果(未施加流动控制)

激波位于极限位置时,应用 LDV 速度测量技术(左图)与 URANS 数值模拟 (右图)预测的马赫数分布见图 5.15。为了便于对比与分析,对数值结果进行后 处理时采用与 LDV 实验结果相同的标尺,URANS 方法精确地捕捉到了 λ 激波。 当激波位于上游极限位置时[图 5.15(a)],激波波前马赫数约为 1.3,应用 LDV 测得的分离区尺寸为 62 mm($x = 328 \sim 390$ mm),最大的负流速为-7 m/s,而数值 模拟预测的分离区尺寸偏小。当激波位于下游极限位置时[图 5.15(b)],激波波 前马赫数约为 1.45,实验结果表明流场中未发生分离,但数值结果表明流场中存 在流动分离。

图 5.16 为激波振荡的实验与数值模拟结果。应用 URANS 方法模拟了激波 振荡的三个完整周期,其中后两个周期的特征基本一致,说明数值模拟达到稳定 状态。由图 5.16 可知,激波位置随时间变化,数值模拟预测的振荡周期与实验 结果基本相等,但对激波在上游和下游极限位置的模拟不够准确,分离区尺寸约 比实验结果小 45%[图 5.16(b)]。采用 URANS 方法对附着流场的模拟比较理 想,但对于存在大尺度流动分离的模拟还存在不足。此外,实验测得的分离区尺 寸变化更快,数值模拟得到的流动分离的发展稍显缓慢。

URANS 数值模拟结果表明,对于流动分离动态特性等复杂流动问题,需要 应用更优的计算模型。应用 SA – DES[6]方法开展了数值模拟,在入口处没有添 加流动激励,共计算了 7 个激波振荡周期,其中最后两个周期用于和实验结果进

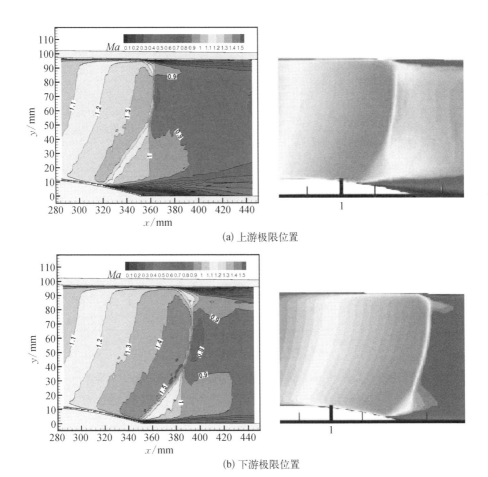

(a) 上游极限位置

(b) 下游极限位置

图 5.15　频率为 30 Hz 时激波振荡流场的马赫数分布

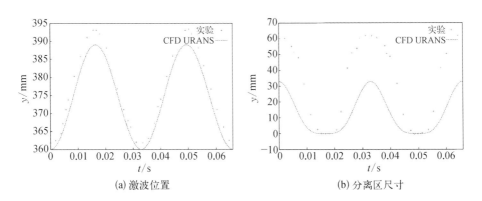

(a) 激波位置

(b) 分离区尺寸

图 5.16　频率为 30 Hz 时激波振荡的实验与数值模拟结果

行对比。由于流场数据量过大,只保留了一小部分 POD 模态结果。采用的时间步长可以解析高达 100 Hz 的频率,这一频率范围涵盖了绝大部分的实验数据频率范围。

图 5.17 为激波振荡分离区尺寸的实验与数值模拟结果。与 URANS 方法相比,DES 方法(350 万个网格)预测的分离区尺寸偏大,但约比实验结果小 17%。DES 与 URANS 方法模拟结果存在差异的主要因素为近壁处采用了不同模型。

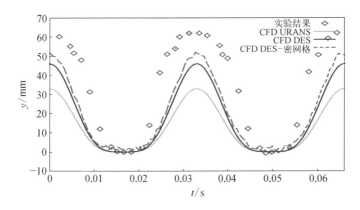

图 5.17   频率为 30 Hz 时激波振荡分离区尺寸的实验与数值模拟结果

激波在上游和下游极限位置处的流场结构见图 5.18。由图可见,激波在上游极限位置时,流场中存在较大尺寸的分离区;位于下游极限位置时,下壁面处刚刚发生流动分离,同时上壁面也存在较小尺寸的分离区。尽管图中为瞬时的数值模拟结果,但仍可看出这类干扰现象是非常复杂的。

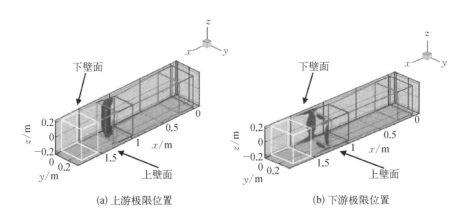

(a) 上游极限位置   (b) 下游极限位置

图 5.18   频率为 30 Hz 时激波在上游和下游极限位置处的流场结构

采用 DES 方法预测的壁面压力时均分布结果与实验结果基本一致,见图 5.19,除了对分离区尺寸的预测值偏小之外,DES 方法比较准确地预测了这类激波/边界层干扰流场。

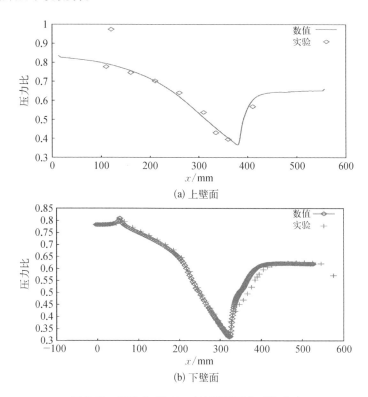

(a) 上壁面

(b) 下壁面

图 5.19　频率为 30 Hz 时的壁面压力时均分布

针对实验与 DES 方法获得的非定常压力信号进行对比,结果见图 5.20。实验中使用了位于干扰区上游的 P1 传感器、λ 激波脚附近的 G9 传感器、边界层再附点附近的 P2 传感器及转轴下方的 P3 传感器。与实验结果相比,数值方法对基频的预测基本准确(数值结果低约 2 Hz,幅值偏低约 7 dB),但未能准确预测 90 Hz 处的二次谐波。数值结果对低于 10 Hz 的低频部分的幅值的预测偏低,且受时间步长的影响,数值结果中没有获得 100 Hz 以上的信号。

5.4.2　施加控制的控制组数值结果

应用 SA – DES 方法模拟使用 CoC1 – VG 得到的施加流动控制的流场。应用 CoC1 涡流发生器对 30 Hz 激波振荡施加流动控制,对数值模拟结果作时间平

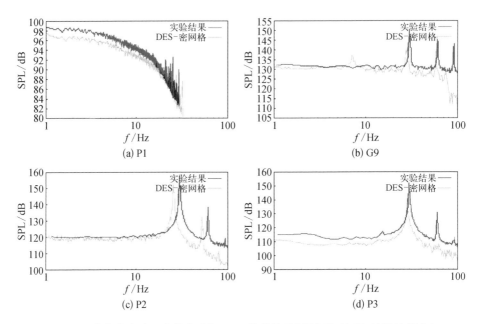

图 5.20　非定常脉动压力的实验与 DES 数值结果（频率为 30 Hz 的激波振荡）

均,得到了涡流发生器诱发生成的涡结构及壁面附近的流动极线,见图 5.21。在同向涡流发生器的作用下,DES 方法与实验获得的流动拓扑结构具有相似性〔图 5.7(c)〕。

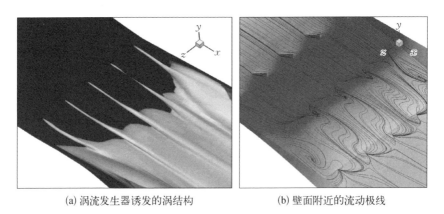

(a) 涡流发生器诱发的涡结构　　　　　(b) 壁面附近的流动极线

图 5.21　基于时均 DES 模拟结果的涡结构及壁面附近的流动极线

对 DES 结果作时间平均,涡流发生器与翼型末端中间位置处的速度分量及马赫数分布见图 5.22。在 CoC1 涡流发生器的作用下,流场中形成 5 个涡结构,增强了拐角流动对激波/边界层的干扰作用。

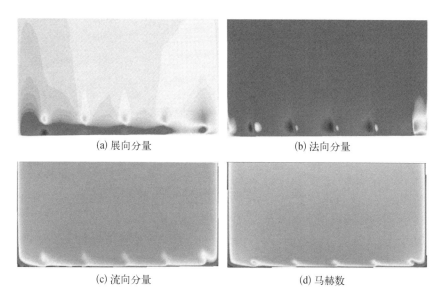

(a) 展向分量　　　　　　　　　(b) 法向分量

(c) 流向分量　　　　　　　　　(d) 马赫数

图 5.22　涡流发生器与翼型末端中间位置处的速度分量及马赫数分布

数值模拟预测的瞬时流场结构见图 5.23。从结果来看,干扰区上游存在低频成分,流动经过激波后生成大量的小尺寸流动结构。

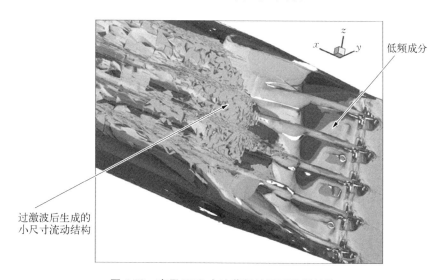

图 5.23　应用 DES 方法获得的瞬时流场结构

图 5.24 为三个展向位置处的马赫数分布,由图可知,在涡流发生器的作用下,激波更加稳定,但拐角处的涡结构对流场的作用更显著。此外,在中心线截面上存在较小尺寸的流动分离区。

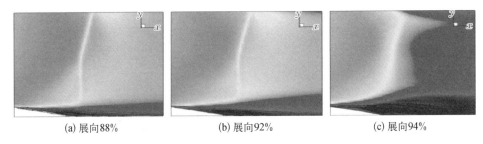

(a) 展向88%　　　　　　　(b) 展向92%　　　　　　　(c) 展向94%

图 5.24　DES 结果中三个展向位置处的马赫数分布

CoC1‑VG1 涡流发生器位于侧壁面附近,CoC1‑VG2 涡流发生器则远离侧壁面,不同位置处的涡流发生器诱发生成的作用力存在差异(作用力系数见图 5.25)。

DDES 方法预测的下壁面压力分布与 ONERA 的实验结果呈现良好的一致性,见图 5.26。与实验结果相比,数值模拟方法对流动分离区尺寸的预测仍偏

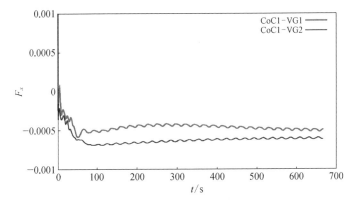

图 5.25　CoC1‑VG1 和 CoC1‑VG2 涡流发生器产生的作用力系数随时间的变化情况

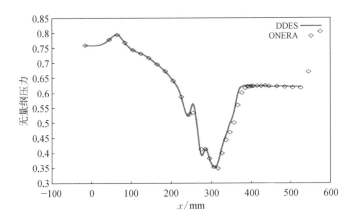

图 5.26　采用实验与 DDES 方法得到的下壁面压力分布

小。在激波上游处,可以看到涡流发生器在流场中引入的小扰动。

G3 脉动压力传感器处于流动分离区下方,该处的脉动压力频谱分布见图 5.27,DES 方法准确预测了其主频值,但对幅值的预测结果比实验值低 12 dB。实验结果表明,涡流发生器使主频的幅值增大,流动分离区尺寸减小。但是,DES 结果表明主频的强度呈降低趋势,且 10 Hz 以下的低频分量的幅值低于实验结果。

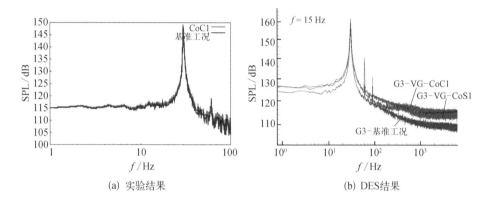

(a) 实验结果　　　　　　　　(b) DES结果

图 5.27　G3 传感器脉动压力频谱分布结果

5.5　总结

本章介绍了机械式涡流发生器对跨声速流场中激波/湍流边界层干扰及流动分离的作用。在激波上游安装同向涡流发生器和反向涡流发生器,研究其对定常激波与受迫激波振荡两类问题的影响。在实验中,采用非接触式流动显示和压力测量手段,定量地分析了涡流发生器对流动分离和激波振荡幅值的影响。

对于以调控流动分离为目标的流动控制方法,涡流发生器在展向上的数量是一项关键参数。当展向的涡流发生器数量增多时,涡流发生器之间的间距减小,其诱发生成的涡结构耦合在一起,对流动分离的作用效果更显著。此外,应将涡流发生器设置在距干扰区相当的距离处,以确保涡结构在到达流动分离区之前能够充分混合。涡流发生器引起的压缩波和膨胀波的强度均比较弱,若将涡流发生器的高度设计为低于来流边界层声速线的高度,可以有效降低附加阻力值。

应用 SST – URANS 方法基本能够捕捉到激波/边界层干扰的主要流动特征，但由于流动本身具有强烈的非定常性，对流动分离相关特征的预测能力还存在不足。对于较高雷诺数条件下的流动，应用 DES 方法对流动分离的预测更接近实验结果，如 DES 方法预测的压力分布与实验结果一致，DES 方法至少能够捕捉非定常频谱分布中的两个谐波分布。应用 DES 方法模拟流动控制的流场时，成功刻画了每一个涡流发生器产生的涡结构，以及其在声速线下方流入干扰区的过程。在涡结构的作用下，流场处于刚刚发生流动分离的状态，且在一定程度上增强了激波的稳定性。激波发生器作用下，激波的上游极限位置向下游移动了一段距离，但是，实验结果无法证实涡流发生器降低了激波振荡的幅值。

参考文献

[1] Lachmann G V. Boundary layer and flow control. Oxford：Pergamon Press，1961.

[2] Lin J C. Review of research on low-profile vortex generators to control boundary layer separation. Progress in Aerospace Sciences，2002，38：389 – 420.

[3] Galli A，Corbel B，Bur R. Control of forced shock-wave oscillations and separated boundary layer interaction. Aerospace Science And Technology，2005，9：653 – 660.

[4] Bur R. Deliverable 3. 2. 11 of the UFAST project-final report of the ONERA-DAFE activities，2009.

[5] Menter F R. Two-equation eddy-viscosity turbulence models for engineering applications. AIAA Journal，1994，32(8)：1598 – 1605.

[6] Spalart P R，Jou W H，Strelets M，et al. Components on the feasible of LES for wings and on hybrid RANS-LES approach. 1st AAFOSR International Conference on DES/LES，1997，Columbus，OH.

第 6 章

喷管上的受迫激波振荡
Holger Babinsky

6.1　简介

本章主要介绍周期性激励下正激波/湍流边界层干扰的非定常特征及成因。风洞实验中,流场马赫数分别为 1.3、1.4 和 1.5,分析不同流动条件下的边界层分离问题。

在马赫数为 1.3 和 1.4 的流场条件下,应用非定常 RANS 方法及多种湍流模型模拟定常激波与激波振荡。此外,还应用 DES 方法研究了 $Ma = 1.3$ 的流场特性。对于激波强度最强的情形 ($Ma = 1.5$),数值模拟无法收敛,这可能是由复杂的拐角流动效应引起的。

6.2　实验条件

图 6.1(a) 为非定常激波/边界层干扰的实验装置、流场条件及实验方法示意图。此外,在该风洞中也能够开展定常激波的实验研究。

6.3　数值方法

采用 Numeca 公司的 Euranus 求解器进行流场模拟,该求解器为基于有限体积方法的多块结构网格 N‑S 方程求解器。空间离散采用带有 Jamseon 人工黏

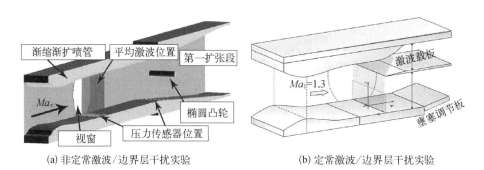

(a) 非定常激波/边界层干扰实验   (b) 定常激波/边界层干扰实验

图 6.1　风洞实验装置

性的中心格式,时间方向则采用四阶 Runge‑Kutta 格式,同时采用多重网格、当地时间步和隐式残差光顺技术来加速收敛。应用三种量级的网格,图 6.2 为其中一种典型网格。精确的时间推进采用双时间步方法,时间导数采用二阶欧拉后差格式计算。

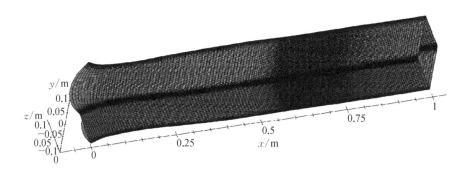

图 6.2　典型网格示意图(共 330 万个网格)

6.4　定常激波/边界层干扰实验结果

不同马赫数条件下的实验结果见图 6.3~图 6.8,包括纹影照片、油流显示结果、中心线上的压力分布及平均/脉动速度分布。

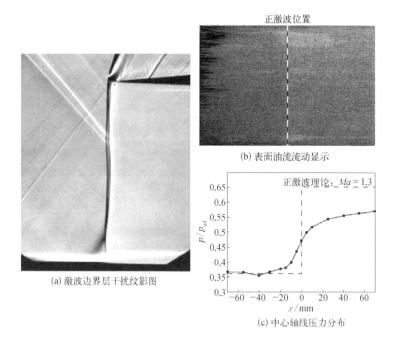

(a) 激波边界层干扰纹影图

(b) 表面油流流动显示

(c) 中心轴线压力分布

图 6.3　*Ma* = 1.3 流场实验结果

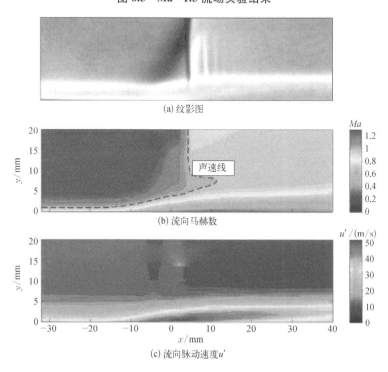

(a) 纹影图

(b) 流向马赫数

(c) 流向脉动速度 u'

图 6.4　*Ma* = 1.3 流场的流向马赫数与脉动速度分布

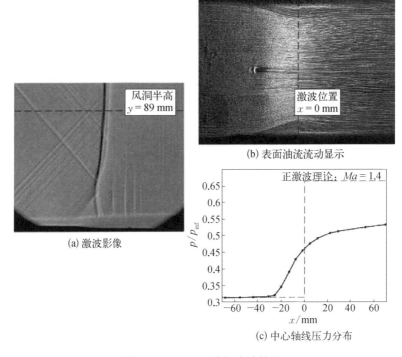

(a) 激波影像

(b) 表面油流流动显示

(c) 中心轴线压力分布

图 6.5 *Ma* = 1.4 流场实验结果

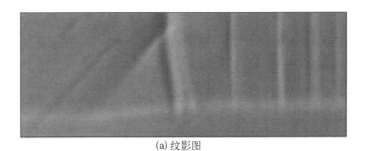

(a) 纹影图

(b) 流向马赫数

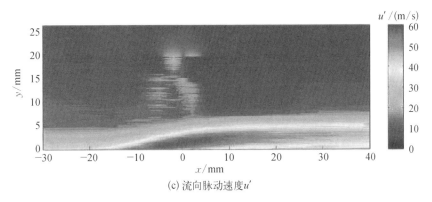

(c) 流向脉动速度 u'

图 6.6　$Ma = 1.4$ 流场的流向马赫数与脉动速度分布

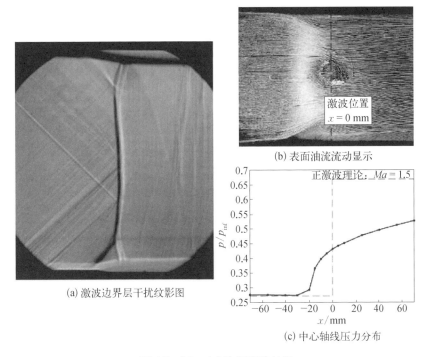

(a) 激波边界层干扰纹影图

(b) 表面油流流动显示

(c) 中心轴线压力分布

图 6.7　$Ma = 1.5$ 流场实验结果

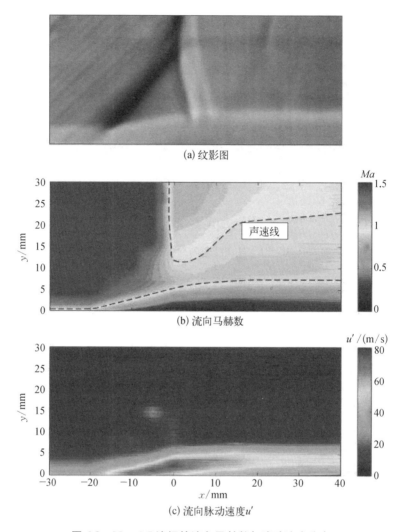

(a) 纹影图

(b) 流向马赫数

(c) 流向脉动速度 u'

图 6.8 $Ma = 1.5$ 流场的流向马赫数与脉动速度分布

6.5 非定常激波/边界层干扰实验结果

在实验段下游旋转装置的作用下,实验段下游压力以近似呈正弦波分布的特征随时间变化,结果见图 6.9(上)。压力振荡的幅值与频率之间呈弱相关的关系,随着频率增大,幅值略微减小。在几种频率条件下,压力曲线均呈现出正弦波的形态,只在部分高频条件下略偏离正弦波形态(如 $Ma = 1.4$ 流场)。受实验条件的限制,未开展 $Ma = 1.3$ 流场条件下的实验研究。基于图 6.9 中的实验结果,可计算求得激波运动速度,不同频率条件下的激波运动速度的峰值基本相等,说明激波运动速度主要受下游压力值的影响。

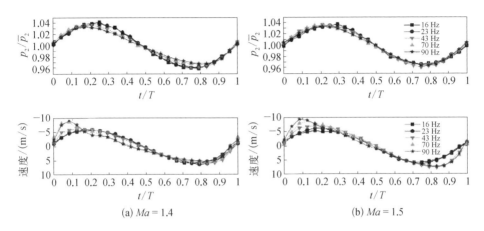

(a) $Ma = 1.4$ 　　　　　(b) $Ma = 1.5$

图 6.9　$Ma = 1.4$ 和 $Ma = 1.5$ 流场中下游压力与激波运动速度间的关系

$Ma = 1.4$ 流场中,三个不同激波振荡频率条件下的纹影结果见图 6.10,应用 LDV 技术测得的马赫数分布见图 6.11(叠加在纹影结果之上)。在激波振荡的区域内安装了四支压力传感器,测得的静压分布结果见图 6.12 和图 6.13。相应地,$Ma = 1.5$ 流场的实验结果见图 6.14~图 6.16。

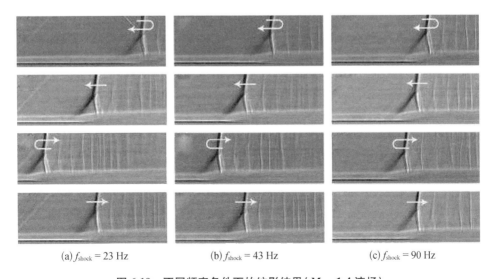

(a) $f_{shock} = 23\ Hz$ 　　(b) $f_{shock} = 43\ Hz$ 　　(c) $f_{shock} = 90\ Hz$

图 6.10　不同频率条件下的纹影结果($Ma = 1.4$ 流场)

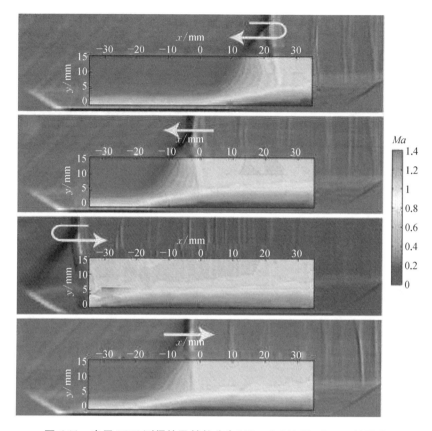

图 6.11 应用 LDV 测得的马赫数分布($Ma = 1.4$ 流场，$f_{shock} = 43\,Hz$)

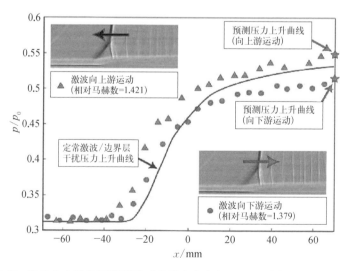

图 6.12 激波向上游和下游运动时的压力分布($Ma = 1.4$ 流场，$f_{shock} = 43\,Hz$)

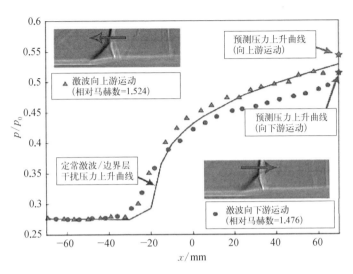

图 6.13　激波在上游和下游极限位置时的压力分布（$Ma = 1.4$ 流场，$f_{shock} = 43\,Hz$）

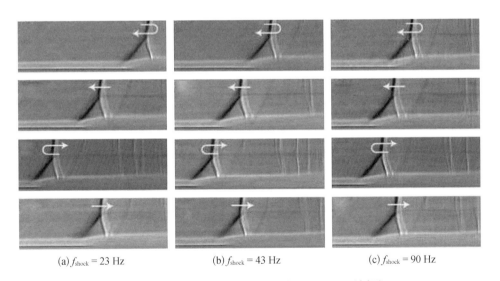

(a) $f_{shock} = 23\,Hz$　　　　(b) $f_{shock} = 43\,Hz$　　　　(c) $f_{shock} = 90\,Hz$

图 6.14　不同频率条件下的纹影结果（$Ma = 1.5$ 流场）

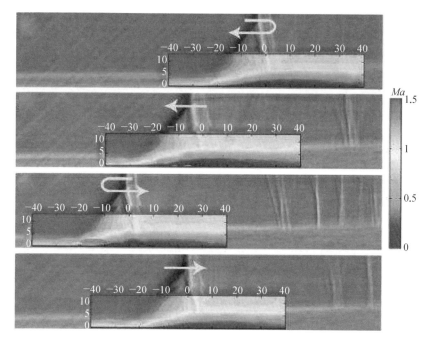

图 6.15 非定常激波/边界层干扰流场的马赫数分布（$Ma=1.5$ 流场，$f_{\text{shock}}=43\ \text{Hz}$）

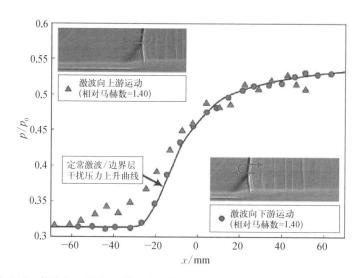

图 6.16 激波向上游和下游运动时的压力分布（$M=1.5$ 流场，$f_{\text{shock}}=43\ \text{Hz}$）

6.6　数值模拟结果与实验结果的对比

$Ma = 1.3$ 流场中,定常激波的流动结构、压力分布、边界层速度剖面分别见图 6.17~图 6.20,由图可知,数值模拟与实验结果之间呈现较好的一致性。通过对喷管与实验段进行数值模拟,准确预测了边界层的速度剖面,结果见图 6.19。

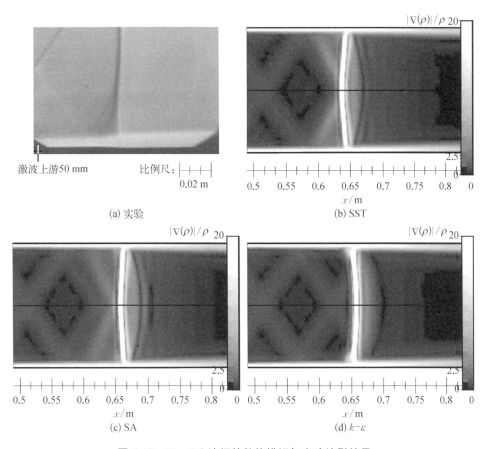

图 6.17　$Ma = 1.3$ 流场的数值模拟与实验纹影结果

但是,数值方法对干扰区及其下游边界层发展的模拟存在偏差,在所应用的湍流模型中,SST 模型对来流条件与边界层发展的模拟是比较准确的。

在 $Ma = 1.4$ 条件下,针对干扰区及下游流场的数值模拟与实验结果之间的差异更显著(图 6.21~图 6.24)。总的来说,数值模拟预测的干扰强度比实验结

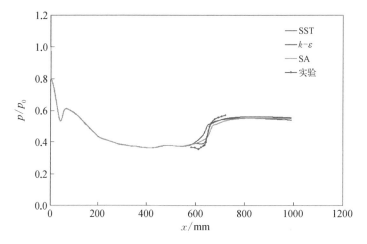

图 6.18　$Ma = 1.3$ 流场的壁面压力分布数值模拟与实验结果

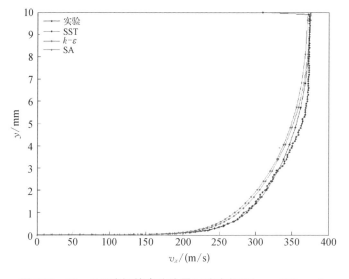

图 6.19　$Ma = 1.3$ 流场的来流边界层速度剖面$(x = -150 \text{ mm})$

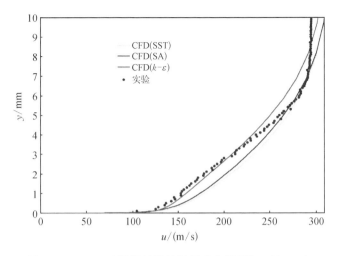

图 6.20　$Ma = 1.3$ 流场的激波波后速度剖面（$x = 90$ mm）

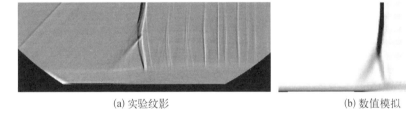

图 6.21　$Ma = 1.4$ 流场的数值模拟与实验纹影结果

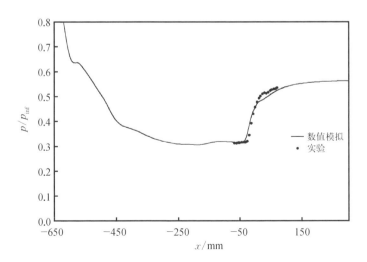

图 6.22　$Ma = 1.4$ 流场的壁面压力分布数值模拟与实验结果

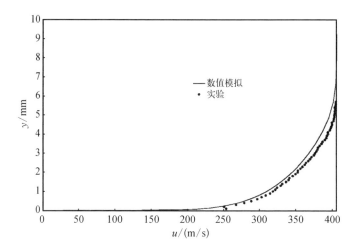

图 6.23 *Ma*=1.4 流场的来流处边界层速度剖面(*x*=−150 mm)

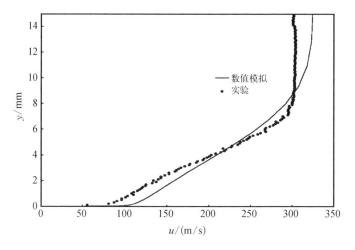

图 6.24 *Ma*=1.4 流场的激波波后速度剖面(*x*=90 mm)

果更强。此外,数值模拟预测的流场呈现非对称特征,但在实验中并未观测到非对称流场(结果见图 6.25)。

　　非对称流场特征可能是由拐角流动效应引起的。数值模拟求得的流场中,总是在一边侧壁处存在较大尺寸的流动分离,另一边的分离区相对较小。当拐角分离区尺寸超过某一值时,其他拐角流动均受到其影响,最终形成非对称流场。图 6.26 表明,数值方法预测的拐角效应的影响比实验结果更显著。本节实验中未观测到非对称流场,但其他实验结果表明,在相似条件下可能存在非对称

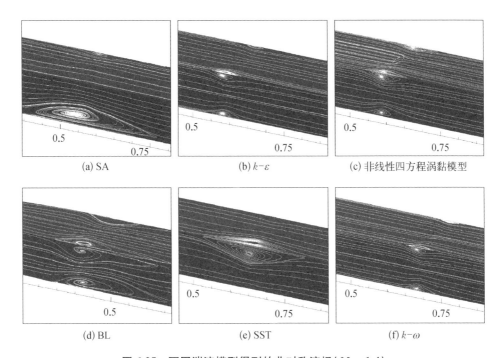

图 6.25　不同湍流模型得到的非对称流场($Ma=1.4$)

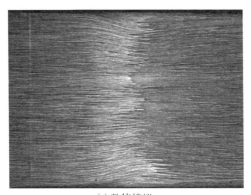

(a) 数值模拟

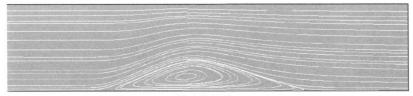

(b) 实验结果

图 6.26　$Ma=1.4$ 流场表面流线的数值模拟与实验结果

流场特征。不过,其他文献研究的是准二维流场中的非对称特征,而本节研究的是拐角效应显著的三维情形,因此引起非对称流场的原因尚不明确。

为了验证大尺寸拐角分离是引起非对称流场的成因这一假设,对流场边界条件作强制对称处理,数值模拟结果表明拐角处的分离尺寸显著减小。

在 $Ma = 1.4$ 流场条件下,模拟了两个频率条件下的激波振荡,幅值结果见图 6.27。激波运动速度与壁面压力分布的模拟结果与实验结果一致,见图 6.28 和图 6.29。但是,数值方法对 λ 激波的尺寸、形状等特征的模拟不够理想,与实验结果之间存在差异。在一个振荡周期内,λ 激波三波点的高度随时间变化的结果见图 6.30,数值预测值比实验结果偏大。这意味着采用数值方法能够较准确地模拟非定常激波干扰中的无黏效应,但对黏性效应的模拟并不理想。

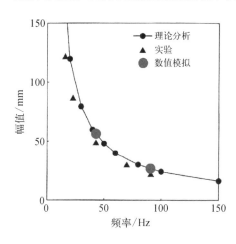

图 6.27 $Ma = 1.4$ 流场中不同频率条件下的激波振荡幅值

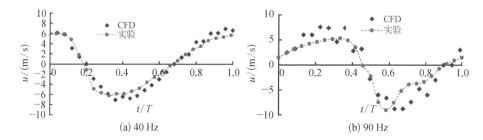

图 6.28 $Ma = 1.4$ 流场中一个振荡周期内的激波速度

6.7 对激波振荡幅值预测的问题

随着激励频率增大,激波振荡的幅值减小。对于非定常激波/边界层干扰引起的激波振荡,激波波后的压升值主要取决于以运动激波为坐标系的马赫数值,即对于给定的(时间平均的)压力比值,可以应用理论分析方法求得激波的运动速度。因此,在给定的压力条件下,通过对激波运动速度进行积分可获得激波运

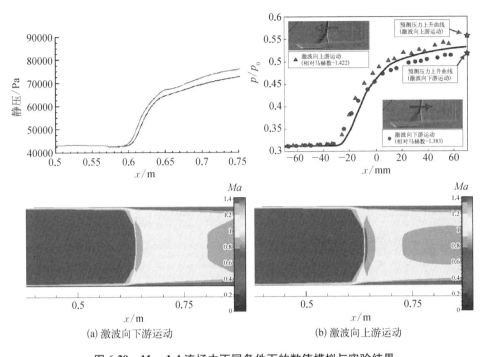

(a) 激波向下游运动　　　　　　　　　(b) 激波向上游运动

图 6.29　*Ma* = 1.4 流场中不同条件下的数值模拟与实验结果

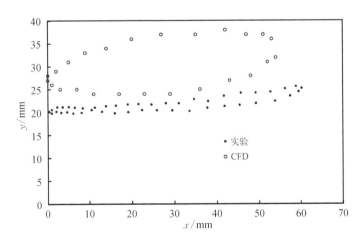

图 6.30　一个振荡周期内的三波点高度分布 (*Ma* = 1.4, f_{shock} = 40 Hz)

动路径,并进一步求得激波振荡幅值。对于 *Ma* = 1.4 流场,应用这种方法求得激波振荡幅值,结果见图 6.28。预测结果与实验结果之间基本一致,表明激波振荡是对给定压力条件的一种调节。此外,对于非等截面流道中的激波振荡问题,这种理论方法也具备准确预测激波振荡幅值的能力。

对于低频情形,通过测量激波下游的压力信号,可获得激波速度随时间的变化规律。但对于高频情形,激波向上游运动速度的极值高于理论预测的结果,造成这一差异的因素可能有两项,一是边界层的黏性效应,另一个是压力在边界层及自由来流场中传播时存在的相位差。

与 $Ma = 1.4$ 流场相比,$Ma = 1.5$ 流场中的差异更显著,这可能是由于 $Ma = 1.4$ 流场中的流动分离具有间歇性特征,马赫数的微弱变化可能引起边界层分离尺寸的剧变;而对于 $Ma = 1.5$ 流场,流动分离尺寸较大,马赫数的变化对流动分离特征基本无影响。

6.8 结论与下一步工作

对本章内容进行简要总结。

(1)下游的脉动压力诱发的激波振荡现象中,无黏效应占据主导作用。

(2)在等截面或非等截面的内流道中,可以应用理论分析方法预测激波振荡幅值。

(3)激波/边界层干扰的非定常效应会影响流动结构,但对该问题的认识还不够深入。

(4)采用 URANS 方法具备开展非定常压力驱动下的全局流体动力特性研究的能力。

(5)数值模拟方法无法准确模拟黏性效应,特别是非定常效应。

(6)在受限流动条件下,拐角效应会影响全流场结构。

(7)无论是实验还是数值模拟,对拐角流动的研究还存在许多困难。

在此基础上,后续还将开展以下研究。

(1)超声速拐角流动分离及流动控制。

(2)针对拐角流动开展数值模拟方法研究。

(3)无黏效应与黏性效应之间的相互作用。

第 7 章

喷管与弯曲流道中的激波振荡
Piotr Doerffer

7.1　简介

本章实验在 IMP 开展。引起激波/边界层干扰非定常特性的原因有很多,主要有来流边界层中的扰动、流动分离、分离区上方涡结构的发展及流动再附过程等。

本章介绍喷管和弯曲流道内的激波/边界层干扰非定常特征,以及应用射流式涡流发生器与采用抽吸流动控制方法(只用于弯曲流道)施加流动控制的研究结果。此外,还介绍了在欧洲 EUROSHOCK 计划支持下开展的研究结果,数值模拟分工情况见表 7.1。

表 7.1　数值模拟分工情况

算　　例	RANS/URANS	LES	DES
基础实验,直喷管,马赫数 1.23			
基础实验,直喷管,马赫数 1.33	IMP		
基础实验,直喷管,马赫数 1.45	IMP、UoL	UoL	IMP、NUMECA
射流式涡流发生器实验,直喷管,马赫数 1.33	IMP、UoL (采用展向 周期条件)	UoL (采用展向 周期条件)	
射流式涡流发生器实验,直喷管,马赫数 1.45			
基础实验,曲面喷管,马赫数 1.33			
基础实验,曲面喷管,马赫数 1.43	IMP、LMFA	UoL	

（续表）

算　例	RANS/URANS	LES	DES
射流式涡流发生器实验,曲面喷管,马赫数 1.33			
射流式涡流发生器实验,曲面喷管,马赫数 1.43	IMP（采用展向周期条件）	UoL（采用展向周期条件）	
抽吸,曲面喷管,马赫数 1.33			
抽吸,曲面喷管,马赫数 1.43	LMFA		

针对以下问题开展实验与数值模拟研究。

（1）中心面上的瞬时马赫数等值线分布。

（2）实验段壁面静压分布 p_s/p_0。

（3）下壁面流动拓扑结构。

（4）从壁面至上方 20 mm 高度之间的速度剖面。

（5）边界层与流动分离区的速度脉动。

（6）非定常激波振荡。

7.2　未施加流动控制的基本组实验

7.2.1　平直喷管构型

平直喷管构型由一半拉瓦尔喷管加一半平直壁面组成,在喷管出口平直壁面附近形成三角形的均匀流场区域(图 7.1),此处的激波处于不稳定状态;而在拉瓦尔喷管壁面附近,存在流向速度梯度,因此激波处于相对稳定的状态。总的

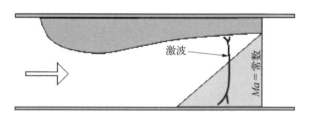

图 7.1　平直喷管示意图

来说,在这种构型的实验段中,激波对下游条件的变化比较敏感。使用这种构型的实验段时,无法调节喷管出口处的马赫数。当需要更改流场参数时,需要安装新的拉瓦尔喷管。

在 $Ma = 1.45$ 流场条件下,喷管中的激波结构见图7.2,图中左下方发出的一道波是壁面连接处缝隙诱发的激波。

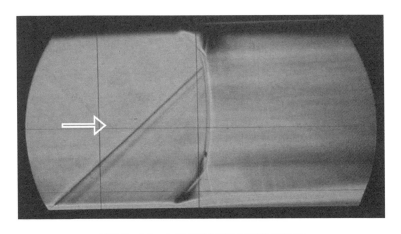

图 7.2 $Ma = 1.45$ 流场下的激波纹影结果

下壁面的静压分布见图 7.3(喷管平直壁面段),随着喷管内流动加速至 $Ma = 1.45$,壁面上的静压值降低,并在正激波上游达到常数值。

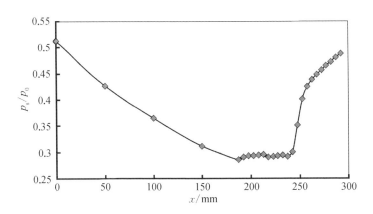

图 7.3 实验段下壁面的静压分布

数值数模预测的下壁面静压分布结果见图 7.4,无论是采用 RANS 方法、URANS 方法还是 DES 方法,对激波上游静压分布、压力开始升高的位置(上游

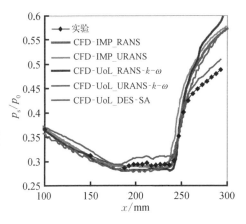

图7.4 RANS、URANS、DES数值模拟与实验测得的下壁面静压分布

干扰点)及激波引起的压力梯度的预测都比较准确,但对流动分离区尺寸的预测值均偏小,并进一步导致对分离区下游压力分布的预测结果存在偏差。一般来说,数值方法对分离区尺寸的预测值偏小时,对压力峰值的预测值偏大。

$Ma = 1.45$ 流场条件下流动分离区的油流实验结果见图7.5,由图可知,分离区流向方向的尺寸几乎与实验段的宽度值相等。

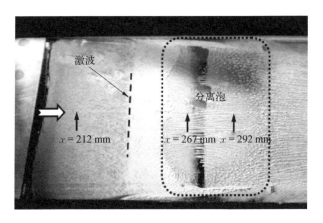

图7.5 流动分离区的油流实验结果($Ma = 1.45$)

应用URANS方法得到的数值模拟结果见图7.6,对分离区长度的预测值显著低于实验结果。分离区在中心线附近的流向尺寸最大,并朝侧壁方向逐渐变窄。

值得注意的是,数值模拟方法预测的低摩擦区的面积(图7.7中的蓝色和绿色区域)比分离区大得多,但该区域面积与实验测得的分离区尺寸相近(图7.5)。

应用基于压敏漆(pressure sensitive paint,PSP)的大面积压力测量技术测得下壁面的压力分布,结果见图7.8。激波下方的等压线呈"弯弓"形状,即中心线附近的压力等值线向上游方向弯曲。

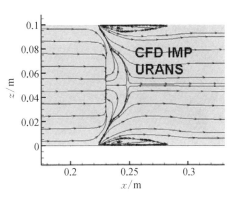

图 7.6　URANS 数值模拟结果($Ma=1.45$)

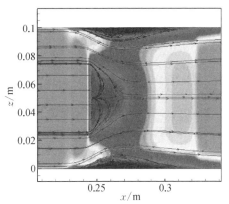

图 7.7　剪切力分布云图

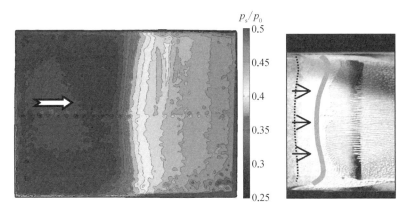

图 7.8　应用 PSP 测得的下壁面静压分布及油流显示结果

　　与 PSP 实验结果中"弯弓"的压力等值线相似,在油流显示结果中,流动分离区弯曲的前缘呈现出与之相似的形状,即图 7.8 中的灰色曲线。油流结果中的上游干扰线为直线,表明其未受到两侧壁效应的影响。

　　在干扰区压缩过程的末段,数值模拟方法预测的压力分布与 PSP 结果之间呈现较好的一致性。但是,干扰区前段侧壁处的数值模拟结果存在一定偏差,如图 7.9 中椭圆形虚线区域所示,数值模拟结果预测的拐角影响更偏向上游。而在 PSP 实验结果中,一边侧壁处呈现相似的现象,另一边则未观测到这种现象。此外,数值模拟预测的干扰区前段压力等值线也无"弯弓"特征。

　　总的来说,RANS 与 URANS 方法的数值模拟结果基本一致,即应用 RANS 方法研究这类问题是比较可靠的。干扰区上游($x=212$ mm)的边界层速度剖

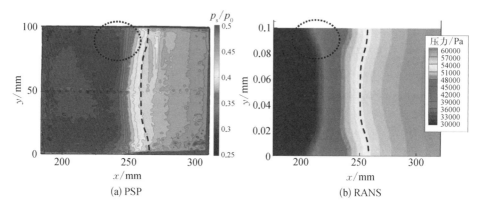

(a) PSP

(b) RANS

图 7.9   PSP 实验与 RANS 数值模拟结果

面与实验测得的结果一致,见图 7.10,但对边界层外层总压的模拟结果偏高; $x = 267$ mm 处(分离点下游)的分离区比 $x = 292$ mm 处(接近再附点)低一些,这两处的实验测量值表明分离区内的滞止压力几乎为常值。数值方法对分离区边界

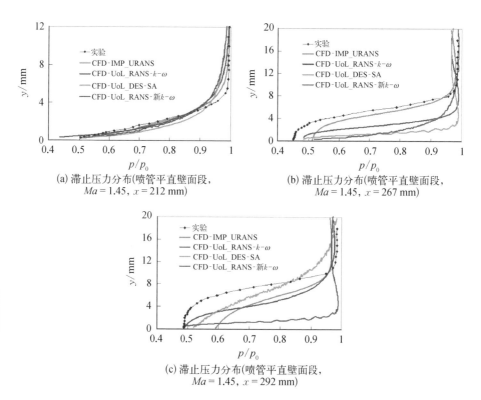

(a) 滞止压力分布(喷管平直壁面段,
$Ma = 1.45$, $x = 212$ mm)

(b) 滞止压力分布(喷管平直壁面段,
$Ma = 1.45$, $x = 267$ mm)

(c) 滞止压力分布(喷管平直壁面段,
$Ma = 1.45$, $x = 292$ mm)

图 7.10   激波上/下游滞止压力曲线的实验与数值模拟计算结果

层内总压的预测值偏高,表明其总压损失更小,即激波的影响更弱,而对边界层外部的总压预测值较低,表明有更高的总压损失和更强的激波。

1. 非定常性研究

应用两种手段研究激波/边界层干扰的非定常特性,一种是研究激波本身的非定常振荡特征,另一种是应用恒温式热线风速仪测量分离区附近的压力脉动。

在 $Ma = 1.45$ 流场中,激波振荡位置随时间的变化见图 7.11(a),信号中既有高频成分,也有低频成分。与实验结果相比,URANS 方法对高频成分的幅值与周期的预测比较准确,结果见图 7.11(b),但未能准确模拟低频成分,可能的原因主要有两种:一是模拟的时间尺度较短(0.4 s),二是对分离区尺寸的预测偏小。

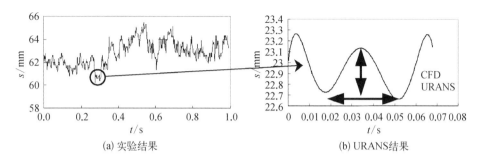

(a) 实验结果　　　　　　　　　　(b) URANS结果

图 7.11　$Ma = 1.45$ 流场中激波振荡位置随时间变化的实验结果与 **URANS** 结果

在不同的马赫数条件下,激波振荡的特征也可能存在差异,激波振荡幅值的均方根值见表 7.2。

表 7.2　**不同马赫数条件下的激波振荡位置均方根**　　（单位：mm）

马赫数	1.23	1.33	1.45
激波振荡幅值均方根值	1.44	0.986	1.066

从表 7.2 中的结果来看,随着马赫数减小,激波的非定常特征增强。在 $Ma = 1.23$ 流场条件下,激波振荡特性最强,此时流动基本为附着流。$Ma = 1.33$ 时,流场中刚刚发生流动分离,激波振荡的强度最弱。在 $Ma = 1.45$ 条件下,流场中发生较大尺寸的流动分离,激波振荡也变得更强。上述结果表明,激波振荡强度与流动分离之间存在着紧密的关系。

流场中发生流动分离后,λ 激波随之形成,实验结果表明激波振荡的尺度与 λ 激波特征尺寸相当。

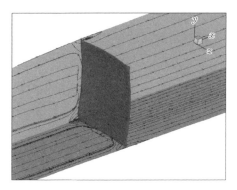

图7.12　激波波后的压力等值面

2. 对平直喷管中非对称流场的数值模拟

应用 SPARC[2] 程序及两方程 $k-\tau$ (Speziale - Abid - Anderson)湍流模型开展数值模拟,结果显示激波与流动分离区均呈现出对称性,如图7.6和图7.7所示。此外,压力等值面也是对称的,见图7.12。

但是,在获得上述对称流场结构的数值模拟结果之前,对流动分离流场的预测结果如图7.13所示。

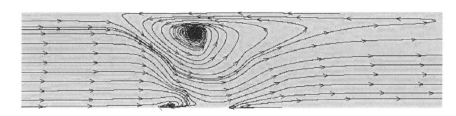

图7.13　平直喷管壁面上的非对称流动分离

这种非对称流场结构是由侧壁处的分离向上游移动引起的,流场中的压力等值面形状见图7.14。

为了研究引起流场中非对称结构的根本原因,使用相同的网格与边界条件,先后应用了 SPARC 代码、NUMECA - FINE/Turbo 代码的中心差分与二阶迎风格式、Fluent 6.3 的 MUSCL 格式,得到的流场均为非对称。

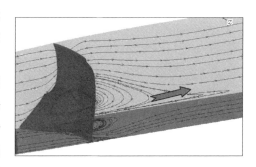

图7.14　非对称流场中的压力等值面

在检验了三种程序、几种数值格式与湍流模型的影响后,又验证了网格质量的影响。针对 SPARC 代码,在三个坐标方向对网格均加密一倍,加密后的网格总数量约为 22×10^{6} 个,数值计算过程快速收敛且残差降至 10^{-7},但是流动稳定后流场仍是非对称的。

此外,还应用了 Fluent $k-\omega$ - SST 湍流模型与 SA - DES 方法进行数值模拟,预测的流场仍是非对称的。作者猜测所应用的涡黏模型无法准确模拟流向拐角处的二次涡结构,并因此尝试应用雷诺应力模型,但所得到的流场仍是非对称的。

如前面所述,侧壁拐角处分离向上游移动导致流动出现非对称流场结构(图 7.14),表明数值方法在模拟拐角流动时可能存在不足。

为了削弱或消除流向拐角效应的影响,对拐角作倒角处理(倒角半径为 5 mm,约等于来流边界层厚度)。首先,对实验段下壁面两侧拐角进行倒角,倒角后的实验结果表明下壁面流场为对称流场。但是,与此同时上壁面呈现出非对称特性,因此又对上壁面两侧拐角进行倒角,最终,数值模拟预测的流场结构呈现出对称特征。

随后,为了进一步检验数值格式和湍流模型的影响,开展了两部分工作:一是只对其中三个拐角进行倒角处理;二是将倒角尺寸设为 1 mm,两种情形下的数值结果均显示流场是非对称的。

在 UFAST 项目中,这个由激波在流向拐角处引起的非物理的问题仍未完全解决。

7.2.2　弯曲流道构型

IMP 使用弯曲流道作为实验段开展研究,见图 7.15。此前,EUROSHOCK 项目中曾对类似构型开展过相关研究[1],与平直喷管构型的实验段相比,两种流场结构之间存在着显著不同:第一,流动沿凸起段壁面持续加速,因此弯曲流道内的激波结构更加稳定;第二,激波只出现在凸起壁面段的超声速区域,即只在凸起壁面处存在激波诱发的流动分离,在凹陷壁面段不存在激波结构,而前面介绍的平直喷管的四个壁面上均存在流动分离。

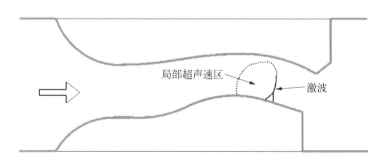

局部超声速区　　激波

图 7.15　弯曲流道构型的实验段

通过改变实验段出口尺寸可以调节质量流率,并因此改变激波波前的马赫数,进一步地影响超声速流动区域的尺寸,即不必更改实验段的几何构型来实现不同的流场条件。随着马赫数增大,实验段内的激波向下游移动。与平直实验段构型相比,凸起壁面段的流动逐渐加速并携带更大的动量,对下游扰动的抵抗能力也更强。因此,在更高的马赫数条件下,弯曲流道构型的实验段中才会发生流动分离。下面主要介绍两个流场的研究结果:未发生流动分离($Ma = 1.33$)与存在较大尺寸分离的情形($Ma = 1.43$)。

$Ma = 1.43$ 流场的纹影结果见图7.16,由图可知,凸起壁面上方形成了 λ 激波,且激波强度沿法向逐渐变弱,并最终在凹陷壁面段上方消失。图中灰色阴影边界处为三波点的位置,该处形成剪切层并向下游发展。此外,白色竖线为开展边界层剖面测量的位置。

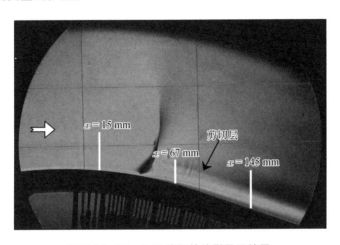

图 7.16 $Ma = 1.43$ 流场的纹影显示结果

应用数值方法模拟弯曲流道中的流场,凸起壁面段静压的模拟结果与实验结果基本一致(图7.17),但总的来说数值方法难以准确模拟整个流道内的压力

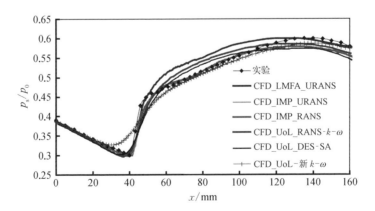

图 7.17 $Ma = 1.43$ 流场中喷管凸起壁面段的静压分布

分布。LMFA 对激波及出口处流场的模拟结果比较理想,但对激波到流道出口之间的模拟存在较大偏差;IMP 对激波及其下游流场的模拟结果比较准确,但对出口处流场的模拟效果较差。所应用的几种数值方法对流动分离区尺寸的预测结果均偏小,导致激波下游参数的极值分布出现“过冲”现象。

基于边界层内的总压分布可计算得到速度分布,但数据处理过程可能会引入额外的不确定度,因此仅展示三个流向截面的总压剖面,见图 7.18。从 $x = 15$ mm 处的边界层剖面分布来看,大部分数值方法对边界层厚度的预测值偏大,只有 UoL 的 DES 结果相对更接近实验值,而采用新湍流模型后则会得到更薄的边界层。

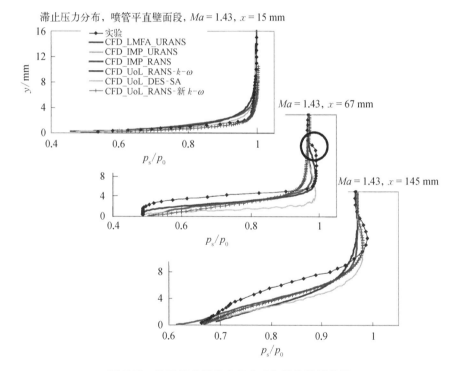

图 7.18　边界层总压分布的实验与数值模拟结果

第二个测点位于激波下游($x = 67$ mm),边界层剖面测量结果表明该测点位于分离区下方。前面提到数值模拟方法预测的边界层厚度结果偏大,直观来看,更厚的边界层会导致更大尺寸的流动分离区,但结果并非如此。在几种数值模拟结果中,UoL 应用 RANS $-$ k $-$ ω 方法的预测结果最接近实验值,而采用 DES 方法得到的边界层剖面构型最饱满。

图 7.16 中展示了在三波点处形成的剪切层结构,数值模拟研究中,采用基于边界层内的总压分布能够辨识出剪切层的位置,即图 7.18 中黑色圆圈圈出的位置。采用数值模拟方法比较理想地捕捉了剪切层上方的激波结构,但是,由于网格分辨率不足,未能准确模拟剪切层下方的流场。UoL 应用标准 RANS 方法,采用了比 DES/LES 方法质量更高的网格,因此准确地预测了 λ 激波等流场细节,获得了与实验最接近的模拟结果。

第三个测点位于再附点下游 ($x = 145\ \text{mm}$),采用 UoL 的 DES/LES 方法与新 RANS $- k - \omega$ 方法准确预测了 λ 激波结构,其他几类数值模拟方法的预测结果均与实验结果相差甚远。

$Ma = 1.43$ 流场分离区的油流实验结果见图 7.19,与平直实验段内的流动相比(图 7.5),分离区的尺寸明显偏小,这可能是因为弯曲流道内的激波比平直实验段中的激波更稳定。

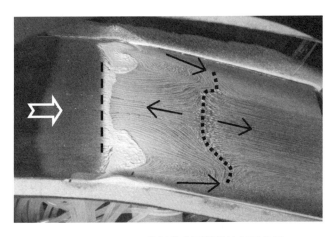

图 7.19 $Ma = 1.43$ 流场分离区的油流显示结果

UoL 和 IMP 的 URANS 结果均表明数值模拟方法预测的流动分离区尺寸偏小,结果见图 7.20。此外,与图 7.7 中的平直实验段流场结果相似,IMP 数值模拟方法预测的低摩擦区域比回流区的面积更大。

当弯曲流道内不存在压力梯度时,激波振荡强度比平直实验段中的振荡强度弱。实际上,可将弯曲流道内的激波近似认为是稳定的。表 7.3 给出了两个流场条件下的激波振荡位置均方根值,由表可知,高马赫数流场中的激波振荡幅值约为低马赫数流场的两倍。但是,与平直实验段相比,两个流场条件下激波振荡的均方根值均低了约一个量级。

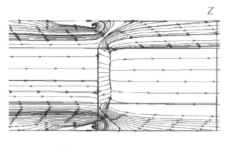
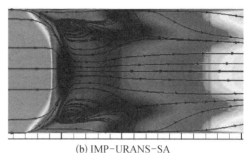

(a) UoL-URANS-k-ω　　　　　　　　　　　(b) IMP-URANS-SA

图 7.20　数值模拟方法预测的表面流动迹线

表 7.3　两个流场条件下的激波振荡幅值均方根值　　（单位：mm）

马赫数	1.33	1.43
激波振荡幅值均方根值	0.104	0.240

7.2.3　小结

本节研究了激波/边界层干扰的非定常激波振荡特性。在较低马赫数（$Ma<$ 1.2）和存在流动分离的流场条件下（$Ma>1.4$），均存在显著的激波振荡现象；在初始分离条件附近（$1.3<Ma<1.35$），激波的非定常振荡特征较弱。

激波的非定常特性对流动发展历程比较敏感，当流向参数梯度较弱时，激波的非定常特征随之增强。导致激波呈现非定常特性的因素很多，如来流边界层中的扰动、流动分离与下游流场之间的相互作用等。总的来说，在实验中观测到了激波的非定常振荡现象，但其成因还不明确。

7.3　流动控制

7.3.1　平直喷管流场的流动控制

平直喷管流场中的马赫数为常数（图 7.21），针对该流场对激波/边界层干扰及其控制开展研究。

射流式涡流发生器（air jet vortex generator，AJVG）的主要参数为射流角度 α、θ 及射流半径 φ，见图 7.22。射流式涡流发生器的滞止参数与主流的滞止参数相等，

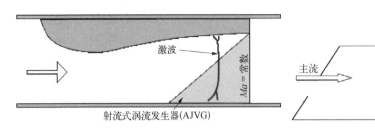

图 7.21　平直实验段流场示意图　　　　图 7.22　射流式涡流发生器示意图

不必额外设置供气系统,因此可将其看作被动控制方法。本节针对三种参数的射流式涡流发生器开展研究,分别为标准构型($\alpha = 90°$、$\theta = 45°$、$\varphi = 0.5$ mm和$\alpha = 90°$、$\theta = 45°$、$\varphi = 0.5$ mm),以及优化构型($\alpha = 75°$、$\theta = 30°$、$\varphi = 0.5$ mm)[3-5]。

在同向射流式涡流发生器作用下,展向生成周期性的流动结构,油流显示结果见图 7.23。

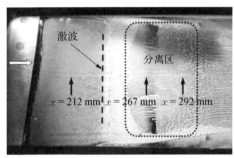

(a) 无控制分离

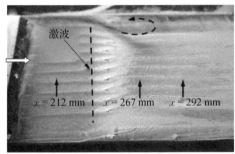

(b) $\varphi = 0.8$ mm, AJVG 控制分离

图 7.23　有/无射流式涡流发生器作用时的油流显示结果($Ma = 1.45$)

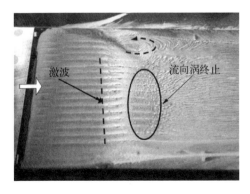

图 7.24　$\varphi = 0.5$ mm 时的流动分离结构

在射流式涡流发生器的作用下,流动分离区消失,且在干扰区下游诱发流向涡结构(图 7.23)。图 7.24 为流向涡较弱的情形($\varphi = 0.5$ mm),流场中仍存在流动分离区但尺寸减小,流向涡终止于再附线处。

在三个流向截面处开展实验测量(具体位置见图 7.23 中的箭头处),在涡流发生器的作用下,边界层厚度及位移边界层厚度均减小(图 7.25),这

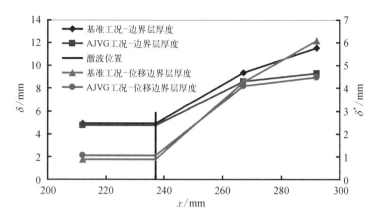

图 7.25　平直壁面上射流式涡流发生器对边界层厚度 δ 与位移边界层厚度 δ^* 的作用（$Ma=1.45$）

种控制方法对再附点附近流场的作用最显著。

　　图 7.26 中给出了未施加流动控制（基准工况）与三种射流式涡流发生器作用下的边界层速度沿高度的分布情况（$x = 292$ mm，激波下游 30 mm 处）。在基准工况下，流场中发生流动分离，在流场中施加任一构型的射流式涡流发生器后，边界层厚度均减小。不同构型射流式涡流发生器之间的差异，主要体现在对近壁面流动的影响，总的来说，与标准型相比，在改进型射流式涡流发生器（$\varphi = 0.5$ mm）作用下，边界层速度剖面更饱满。

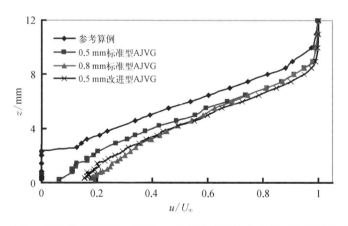

图 7.26　未施加流动控制（基准工况）与应用射流式涡流发生器时的边界层速度剖面

　　数值模拟研究方面，模拟所有射流式涡流发生器作用下的流场是比较困难的，需要较大的网格数量。对此，提出一个解决方案：对于一个较窄的、展向只包含一个射流式涡流发生器的流场开展数值模拟，将计算域的边界设为周期边界,将其等效为无限宽度的流场。但是,这种处理方法可能会导致一定偏差,结果见图7.27。

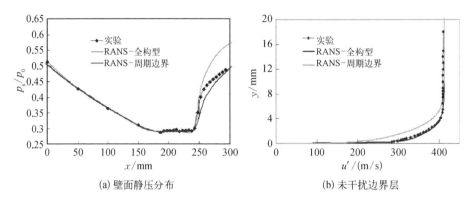

(a) 壁面静压分布   (b) 未干扰边界层

图7.27 应用周期边界条件与完全模拟流场时的模拟结果($Ma=1.45$流场)

首先,壁面静压分布预测结果存在差异,如图7.27(a)所示。与全构型的数值结果相比,周期边界条件下数值预测的激波波后压力值比实验测得的压力分布低一些,表明其对分离区尺寸的预测偏大。引起分离区尺寸预测偏大的原因,

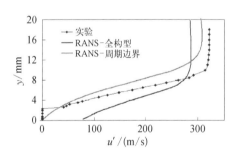

图7.28 $x=292$ mm 处的速度剖面
($Ma=1.45$流场)

可能是不存在侧壁及拐角效应的影响,也可能是对来流边界层厚度模拟不准确[图7.27(b)]。

采用数值模拟方法得到的干扰区下游边界层速度剖面的预测结果也不准确,但(与)全构型的数值结果相比,周期边界条件下的数值模拟结果更接近实验所测边界层速度分布,尤其是对近壁处的速度分布模拟相对较准确,结果见图7.28。

应用周期边界条件时的流动分离区特征见图7.29,图中给出了分离点、再附点和实验测得的分离点的尺寸及位置(方框处)。与实验测得的分离位置相比,数值模拟方法准确预测了再附点的位置,但分离点更靠近下游。

对于采用周期边界条件进行的射流式涡流发生器控制流场模拟,即使进行了很长时间的计算也无法达到收敛状态。射流式涡流发生器对流场的扰动较弱,但是持续作用的,有效稳定了激波,这是因为流向涡结构破坏了展向流场中的相干结构。在基准工况下与施加流动控制时,激波振荡位置的均方根结果见

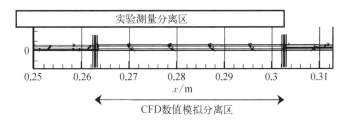

图 7.29　应用周期边界条件时的分离区长度

表 7.4。此外,激波振荡的幅值与分离区尺寸成正比,在射流式涡流发生器的作用下,振荡幅值减小了约 50%。因此,$\varphi = 0.8$ mm 射流式涡流发生器对激波振荡的作用效果最佳,此时流场中不发生流动分离。

表 7.4　基准工况下与施加流动控制时激波振荡幅值的均方根结果

（单位：mm）

基准工况	0.5 mm 标准型 AJVG	0.8 mm 标准型 AJVG	0.5 mm 改进型 AJVG
1.390	0.862	0.621	0.781

在流动控制方法的作用下,激波振荡强度被削弱,应用 CTA 得到的测量结果表明干扰区下游边界层内的脉动强度也随之降低(图 7.30)。所测信号中的低频组分被削弱,展向大尺度涡结构与激波振荡现象均得到有效抑制。

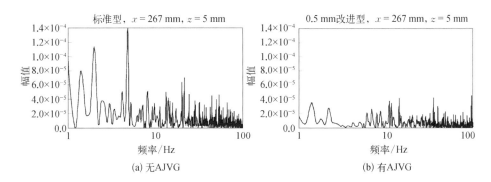

图 7.30　分离区内的 CTA 测量结果

7.3.2　弯曲流道流场的流动控制

在弯曲流道流场应用两种流动控制方法(图 7.31),一种是射流式涡流发生

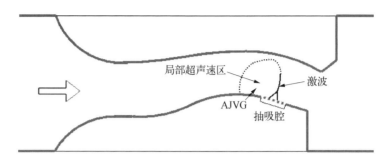

图 7.31 弯曲流道的实验段结构

器 (φ = 0.5 mm),另一种是抽吸流动控制。

在 EUROSHOCK Ⅱ 项目的支持下,开展了被动控制方法与抽吸流动控制相结合的复合型流动控制方法研究。在激波上游施加流动控制,能够有效地削弱激波强度,并使干扰区下游的边界层仍保持为较薄的状态。UFAST 项目也应用抽吸控制方法调节激波振荡现象,并首次对这类问题开展了数值模拟研究。

在 Ma = 1.43 流场条件下,应用射流式涡流发生器与抽吸流动控制方法时,下壁面的静压分布结果见图 7.32。未施加流动控制的基本组实验中,流场存在大尺寸的流动分离。前面中提到过,干扰区下游的压力峰值越高,流动分离区尺寸越小,因此施加抽吸流动控制后,流动分离区显著减小,且效果比射流式涡流发生器更佳。

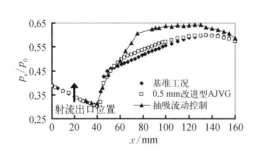

图 7.32 下壁面的流向静压分布
(Ma = 1.43)

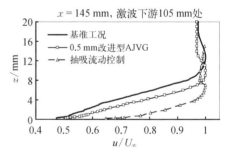

图 7.33 x = 145 mm 处两种流动
控制方法作用下的边界
层速度剖面

对比激波下游的边界层速度剖面分布,能够直观地分析两种控制方法的作用效果,结果如图 7.33 所示,两种控制方法均使得边界层速度剖面更饱满,但抽吸流动控制的作用结果更显著。

在流动控制方法的作用下,λ 激波附近的总压损失减小,即边界层内总压和速度增大。边界层内速度极值的位置向壁面移动,说明抽吸流动控制有效地减

小了 λ 激波的尺寸(图 7.33)。

　　此外,基于边界层位移厚度的变化也能够分析射流式涡流发生器与抽吸流动控制的作用效果,结果见图 7.34。$Ma = 1.43$ 流场中,在射流式涡流发生器的作用下,边界层位移厚度 δ^* 减小;抽吸流动控制方法对边界层位移厚度 δ^* 的作用效果更显著,甚至在凹腔下游都比未施加流动控制时的边界层位移厚度小得多。

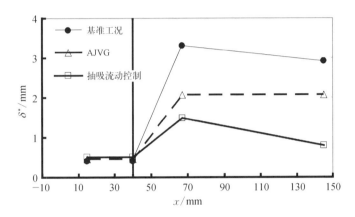

图 7.34　两种流动控制方法对边界层位移厚度的影响($Ma = 1.43$ 流场)

　　射流式涡流发生器对激波诱导分离的作用结果见图 7.35,油流结果表明,在其作用下,流动分离尺寸减小至原尺寸的三分之一。对于抽吸流动控制方法,在开孔壁面无法开展油流实验,因此并未得到相关实验结果,但数值模拟结果表明抽吸流动控制完全消除了流场中的流动分离区。

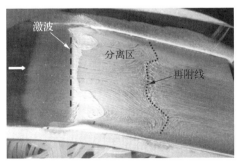
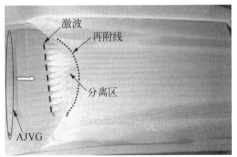

(a) 基准工况流场　　　　　　　　　　(b) 应用射流式涡流发生器

图 7.35　基准工况流场与应用射流式涡流发生器的油流结果($Ma = 1.43$ 流场)

　　前面曾介绍过,针对射流式涡流发生器流动控制的流场开展数值模拟研究是比较困难的,因为这需要在喷口及其下游设置高质量、数量极多的网格。对弯曲流道流场应用周期边界条件时,数值模拟结果表明射流式涡流发生器对壁面静压分布的影响比较微弱,结果见图 7.36,这与平直喷管流场中的结果存在差异。

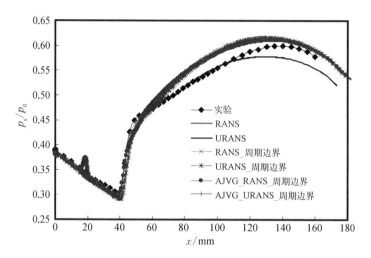

图 7.36 施加/未施加射流式涡流发生器控制时完全模拟流场与
周期边界条件时的数值模拟结果

在应用周期边界条件时,对流场施加射流式涡流发生器控制与否对静压分布的影响可以忽略,说明两种情形下的流动分离结构相似。图 7.37 中,用竖线标识了施加/未施加流动控制时的分离区长度。在射流式涡流发生器的作用下,流场呈现显著的三维特征,但是分离区长度基本与未施加流动控制时相等。

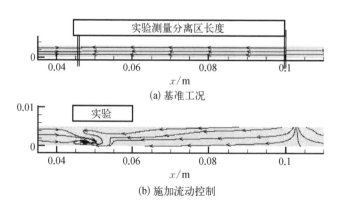

图 7.37 施加/未施加射流式涡流发生器控制时应用周期边界条件的流场示意

数值模拟结果表明,射流式涡流发生器基本对分离区尺寸不存在影响,这与实验结果是相悖的。基于图 7.35 中的油流结果可以判定,射流式涡流发生器能够有效减小分离区尺寸,因此应用周期边界条件得到的数值模拟结果与真实流动之间产生了较大偏差。

对流场施加抽吸流动控制时,无法开展油流显示实验,边界层速度剖面的实验结果表明抽吸流动控制消除了流场中的分离(图 7.33)。

LMFA 应用 RANS 方法研究了抽吸流动控制作用下的流场结构,基于实验测得的压力分布设置抽吸流动控制的位置。法向速度分量沿展向的分布结果见图 7.38(开孔率=5.1%),受拐角效应的影响,侧壁附近的抽吸效果优于中心线位置。

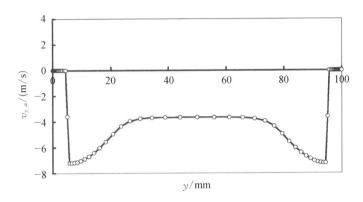

图 7.38　法向速度分量在展向的分布

中心线上的压力分布也能够反映抽吸流动控制作用的效果(图 7.39),由图可知,在激波作用下,平板上的压力值急剧增大,且凹腔内的压力基本保持为常数值。如图 7.38 和图 7.39 所示,抽吸流动控制作用下的流场结构十分复杂,基于壁面上方第一层网格处的结果,刻画了法向速度分量的等值面,见图 7.40。抽吸流动控制作用效果最显著的位置位于凹腔下游两侧壁面处,此处的负速度分量值最大(图 7.41)。

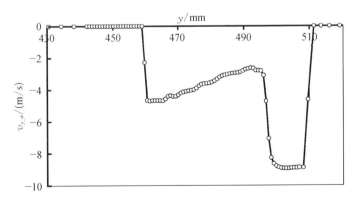

图 7.39　法向速度分量在中心线处、流向上的分布

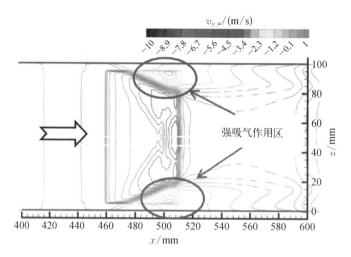

图 7.40　壁面附近的法向速度分量分布

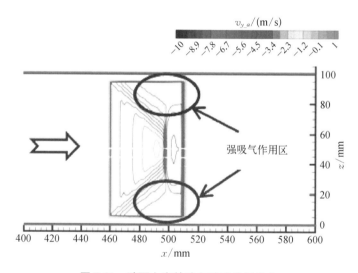

图 7.41　壁面上方的法向速度分量分布

　　基于数值模拟结果得到的复杂二次流结构见图 7.42(俯视图)。图 7.42 中的深灰色区域为凹腔部分,数值模拟结果显示边界层中存在条带结构,且侧壁处未诱发流动分离。激波下游生成二次流(弯曲流道内的典型流动特征)并流向凹腔处,随后进入抽吸孔被排出去。

　　弯曲流道内的激波振荡强度较弱,因此流动控制方法对激波振荡的控制作用并不显著,激波振荡幅值的均方根结果见表 7.5。射流式涡流发生器对激

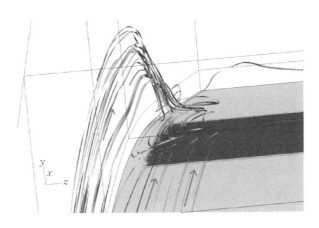

图 7.42　复杂二次流结构(俯视图)

波振荡幅值基本无影响,而在抽吸流动控制作用下,激波振荡幅值的均方根值减小了约 50%。

表 7.5　弯曲流道内两种流动控制方法作用下的激波振荡幅值均方根　(单位: mm)

基准工况($Ma = 1.43$)	0.5 mm 改进型 AJVG	抽吸流动控制作用
0.240	0.267	0.151

7.4　总结

　　UFAST 项目中开展了大量激波/边界层干扰非定常特性及流动控制方法的研究,本章主要介绍了非受迫条件下的激波振荡问题。选择部分实验状态开展了数值模拟研究,研究结果表明几何构型、边界条件等均可能影响数值模拟结果。

　　本章针对平直喷管构型与弯曲流道构型流场中的激波/边界层干扰问题,开展了无控制(基本组)与应用射流式涡流发生器施加流动控制的数值模拟研究。

　　应用 SPARC、NUMECA‐FINE/Turbo、Fluent 方法及 Spalart‐Allmaras 模型,在同一套网格、相同的边界条件下,几种数值模拟方法预测的流动分离区尺寸不尽相同,但获得的流场结构都是非对称的,关键问题是实验中并未观测到流场具有非对称特征。为了查找引起非对称流场的根源,对网格质量与湍流模型开展了详细的研究与分析,结果表明只有应用 SPARC 程序、两方程 $k-\tau$ 湍流模型时(Speziale - Abid - Anderson),才能得到对称的流场。基于上述研究,可以确定数值方法对拐角处涡结构的尺寸预测结果偏大,并最终导致流场的非对称性。此外,对实验段拐角处进行倒角处理,也可以得到对称的流场。因此,在对喷管内的流动开展数值模拟时,是否能够准确模拟拐角流动是至关重要的,若无法准确模拟拐角处的流动结构(特别是涡结构),则无法准确模拟流动拓扑结构。

对于平直喷管流场与弯曲流道流场,数值模拟方法预测的分离区比实验测得的结果小,对 λ 激波结构的预测尺寸也比实验测得的结果小。

数值模拟方法对流动分离区域尺寸的预测值偏小,即其对激波振荡幅值的预测结果也偏小。由于数值模拟方法的物理时间较短,未能有效模拟激波的低频振荡成分。此外,采用 RANS 方法和 URANS 方法均捕捉到了激波高频率、低幅值的振荡特征。

应用射流式涡流发生器对激波/边界层干扰施加流动控制时,由于受网格数量的限制,采用了周期边界的简化处理手段,即在展向方向,只对一个涡流发生器进行数值模拟。由于没有正确地模拟侧壁面,激波波前边界层厚度增大,并进一步影响到 λ 激波的尺寸,该方法得到的激波尺寸均大于实验结果及完全模拟全部流场时的结果。此外,数值模拟方法预测的激波波后边界层速度剖面也与实验测量结果之间存在显著差异。总的来说,应用周期边界的数值模拟方法,无法准确模拟实验段内的复杂流动,因此只有对全流场进行模拟,才能获得比较可靠的结果。

参考文献

[1] Doerffer P, Bohning R. Shock wave – boundary layer interaction control by wall ventilation. Aerospace Science and Technology, 2003, 7(3): 171 – 179.

[2] Magagnato F. Sparc – structured parallel research code. TASK Quarterly, 1998, 2 (2): 215 – 270.

[3] Flaszy'nski P, Szwaba R. Optimisation of streamwise vortex generator. Developments in Mechanical Engineering, 2008.

[4] Flaszyńsk I P, Szwaba R. Experimental and numerical analysis of streamwise vortex generator for subsonic flyflow[J]. Chemical and Process Engineering, 2006, 27: 985 – 998.

[5] Szwaba R, Flaszynski P, Szumski J, et al. Shock wave – boundary layer interaction control by air-jet streamwise vortices. In the Proceedings of the 8th International Symposium on Experimental and Computational Aerothermodynamics of Internal Flows, 2007, 2: 541 – 547.

[6] Ryszard S, Piotr D, Krystyna N, et al. Flow structure in the region of three shock wave interaction[J]. Aerospace Science and Technology, 2004, 8(6): 499 - 508.

[7] Doerffffer P, Bohning R. Aerodynamic performance modeling of porous plates. Aerospace Science and Technology Journal, 2000, 4(8).

[8] Doerffer P, Szwaba R. Shock wave-boundary layer interaction control by streamwise vortices. In: XXIICTAM, Warsaw, 2004.

[9] Doerffer P, Boelcs A, Hubrich K. Streamwise vortices generation by air jets for a shock wave-boundary layer interaction control. In: ASME Conference, Vienna, 2004.

[10] Doerffer P, Zierep J, Bohning R. Perforated plate aerodynamics for passive shock control. In Symposium Transonicum IV, Goettingen, 2002.

[11] Szwaba R, Flaszyński P, Szumski J, et al. Shock wave - boundary layer interaction control by air-jet streamwise vortices. Proceedings of 8th ISAIF Conference, Lyon, 2007: 541 - 547.

[12] Szwaba R. Shock wave induced separation control by air-jet vortex generator in the curved nozzle. Proceedings of XIX International Symposium on Air Breathing Engine, Montreal, 2009.

Part III
斜激波/平板边界层

第8章

马赫数 1.7 流场中的斜激波/平板边界层干扰
Sergio Pirozzoli

8.1 简介

本章主要介绍 UFAST 项目中的斜激波/边界层干扰研究结果。TUD 负责此项研究工作,在超声速流场条件下对斜激波/平板边界层干扰问题开展风洞实验研究,获得了 $Ma = 1.7$、气流偏转角 $6°$ 的实验结果。自由来流滞止压力为 230 kPa,边界层厚度 $\delta = 17$ mm,基于边界层位移厚度的雷诺数 $Re_\theta = 50\ 000$。

URMLS 开展了 RANS 方法和 LES 方法的数值模拟研究,SOTON 开展了 LES 数值模拟研究,LMFA 开展了 RANS 研究。

8.2 风洞实验

TUD 针对激波/边界层干扰开展了实验研究,主要结果参见文献[15]~[17]。TST‑27 跨‑超声速风洞是下吹式风洞(图 8.1),通过调节柔性喷管和更换喉道,能实现马赫数 0.5~4.2 的流场。风洞驻室横截面为 800 mm×800 mm 的正方形,最高滞止压力为 42 bar,滞止温度为室温(通常为 280~290 K),有效实验时间一般为 30~60 s,但某些流场下的最长实验时间可达 300 s。

在 UFAST 项目风洞实验中,滞止压力为 200~300 kPa,马赫数为 1~2,单位雷诺数为$(25~40)\times10^6$/m。喷管的上壁面和下壁面均为可调整的收缩-膨胀型面构型,从喉道到实验段中心的距离约为 2 m。喷管和实验段的主要尺寸见图 8.1。

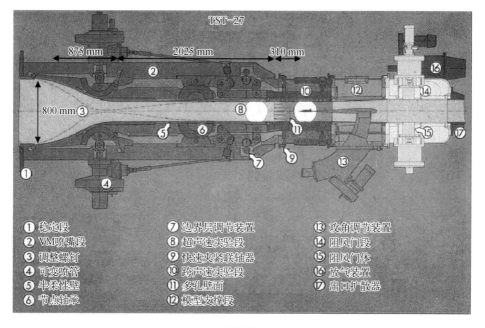

图 8.1 TUD 风洞结构与主要尺寸

① 稳定段　　　　　⑦ 边界层调节装置　　⑬ 攻角调节装置
② VM喷嘴段　　　　⑧ 超声速实验段　　　⑭ 阻风门段
③ 调整螺钉　　　　　⑨ 快速夹紧联轴器　　⑮ 阻风门体
④ 可变喷管　　　　　⑩ 跨声速实验段　　　⑯ 放气装置
⑤ 半柔性壁　　　　　⑪ 多孔壁面　　　　　⑰ 出口扩散器
⑥ 节点轴承　　　　　⑫ 模型支撑段

8.2.1　流场参数

风洞实验流场的主要参数具体如下: ① 自由来流马赫数为 1.69; ② 流动偏转角 $\theta = 6.0°$; ③ 总压 $p_0 = 230\ \text{kPa}$; ④ 总温 $T_0 = 273\ \text{K}$; ⑤ 自由来流速度 $u_\infty = 448\ \text{m/s}$; ⑥ 单位雷诺数 $35.9 \times 10^6 (1/\text{m})$; ⑦ 边界层厚度 $\delta = 17.3\ \text{mm}$; ⑧ 边界层动量厚度 $\theta = 1.4\ \text{mm}$; ⑨ 基于边界层动量厚度的雷诺数 $Re_\theta = 50.0 \times 10^3$。

8.2.2　测量技术

采用粒子图像速度(particle image velocity, PIV)技术测量速度场分布,结果见图 8.2,其中灰色区域为风洞洞壁和光学窗口。实验中使用两个相机进行同步采集,能够获得更大的视场,即全景 PIV 测量技术。此外,对来流边界层和激波干扰区两个区域进行精细化显示。除了开展常规的 PIV 测量,还应用两个相同的 PIV 测量系统,在一定的时间延迟条件下获取激波/边界层干扰流场的时间相关信息。

PIV 测量系统中,相机采集的像素为 1 376×1 040,频率为 5 Hz。在进行数据处理时,对 31×31 像素的图像结果、75%的数据重叠率进行相关性分析。受 PIV

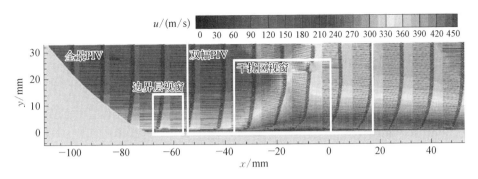

图 8.2　PIV 测量技术的不同测试区域

测量技术原理的限制,靠近壁面的四个数据点的结果是不可靠的。基于双幅
PIV 共采集到约 4 000 对图像结果,获得流场的统计信息。

8.2.3　来流边界层特征

应用 PIV 测量技术获得自由来流的边界层特征与参数分布。其中,通过对
边界层区域的精细 PIV 测量获得近壁区域速度剖面的对数律分布。不同实验中
测得的边界层平均速度分布结果见图 8.3,其中速度变量由自由来流速度进行无
量纲化,法向距离由边界层厚度 δ 进行无量纲化。

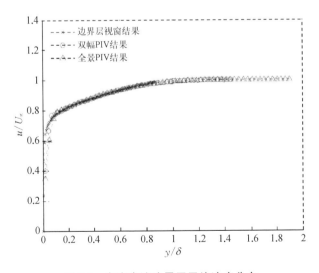

图 8.3　自由来流边界层平均速度分布

基于边界层速度剖面求得的其他主要参数见表 8.1。通过对速度变量进行
积分,获得边界层位移厚度 δ^*、动量厚度 θ 和形状因子 H;在绝热壁面和恢复系

数 $r = 0.89$ 的假设条件下,基于修正的 Crocco - Busemann 关系估算边界层内的温度和密度分布。此外,表 8.1 还列出了未作可压缩效应修正的边界层位移厚度 δ_i^*、动量厚度 θ_i 和形状因子 H_i 值等。基于上述测量及计算结果,求得流场雷诺数如下: $Re = \rho_\infty U_\infty / \mu_\infty = 3.59 \times 10^7 (1/m)$; $Re_\delta = \rho_\infty U_\infty \delta / \mu_\infty = 6.17 \times 10^5$; $Re_{\delta*} = \rho_\infty U_\infty \delta^* / \mu_\infty = 1.19 \times 10^5$; $Re_\theta = \rho_\infty U_\infty \theta / \mu_\infty = 5.00 \times 10^4$ 。

表 8.1　未作可压缩效应修正的主要参数

数据集	不可压修正因子	边界层位移厚度 δ_i^*	动量厚度 θ_i	形状因子 H_i	不可压缩位移厚度	不可压缩动量厚度	不可压缩形状因子
双幅 PIV	7.90	3.31 mm	1.39 mm	2.38	2.00 mm	1.60 mm	1.25

针对边界层速度分布,采用基于半经验公式和对数律拟合两种方法估算表面摩擦系数 C_f 和摩擦速度 u_τ,结果见表 8.2。可取值为, $C_f = 1.49 \times 10^{-3}$, $u_\tau = 15.0 \text{ m/s}$,测量结果的不确定度约为 5%。

表 8.2　基于对述律估算的表面摩擦系数

数　据　集	$C_f/10^{-3}$	$u_\tau(\text{m/s})$	幂次律截距	方法
边界层精细测量	1.57	15.46	6.22	全匹配
双幅 PIV	1.46	14.89	7.31	u_τ 限制
边界层精细测量	1.48	14.99	7.00	C 限制
双幅 PIV	1.49	15.07	7.00	C 限制
全景 PIV	1.49	15.06	7.00	C 限制

基于三种 PIV 测量结果拟合的对数律分布见图 8.4,图中竖直实线表征基于边界层内层特征尺度的边界层厚度 ($\delta^+ \approx 9\,300$),水平实线表征自由来流速度值 ($U_\infty^+ \approx 32$)。受到 PIV 测量技术空间分辨率的限制,壁面附近的测量结果与对数律曲线不吻合,从对数区的拟合结果来看,在采用双幅 PIV 测量技术和全景 PIV 测量技术时 , $y^+ \geq 700(y/\delta \geq 0.066)$ 时的平均速度分布结果是比较可靠的;在对两个区域进行精细测量时 , $y^+ \geq 200(y/\delta \geq 0.019)$ 时的平均速度分布结果是比较可靠的。

速度脉动(湍流正应力)和雷诺剪切应力分布见图 8.5,双幅 PIV 和全景 PIV

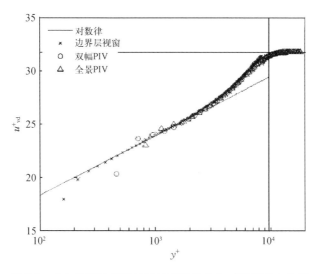

图 8.4　自由来流边界层的平均速度分布与对数律拟合曲线

测量技术结果之间具有很好的一致性。图 8.6 展示了同一组数据在 Morkovin 尺度的结果,以及其与不可压缩流动 Klebanoff 曲线的对比,总的来说,速度脉动和雷诺剪切应力均与 Klebanoff 曲线趋势一致。流向速度脉动在近壁面处存在极大值,主要原因如下:一是采用 PIV 技术能够比较准确地测量 $y/\delta \geqslant 0.1$ 时的流向速度脉动值,但对近壁速度的测量结果存在较大的不确定性;二是采用 PIV 技

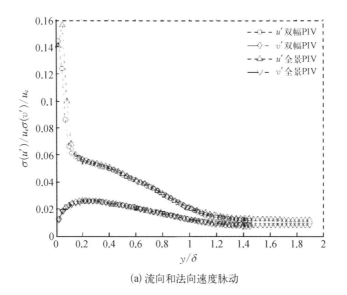

(a) 流向和法向速度脉动

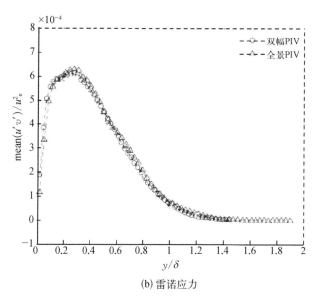

(b) 雷诺应力

图 8.5 流向和法向速度脉动及雷诺应力实验结果

术能够比较准确地测量 $y/\delta \geqslant 0.3$ 时的法向速度分量和雷诺应力,但两物理量在壁面附近处快速衰减,与 Klebanoff 曲线之间的最大偏差约为 15%。值得注意的是,壁面附近法向速度分量及其脉动均较小,导致对该区域雷诺应力的测量结果偏小。

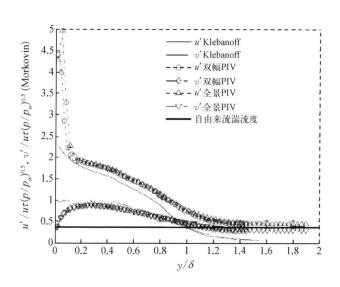

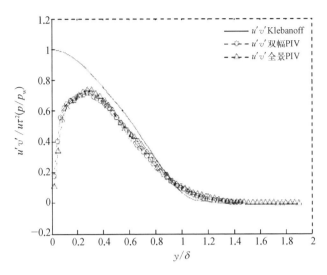

图 8.6　Morkovin 尺度实验结果

8.2.4　激波/边界层干扰区时均流动特征

应用全景 PIV 测量技术测量流场中的流向速度和法向速度分布,结果见图 8.7,

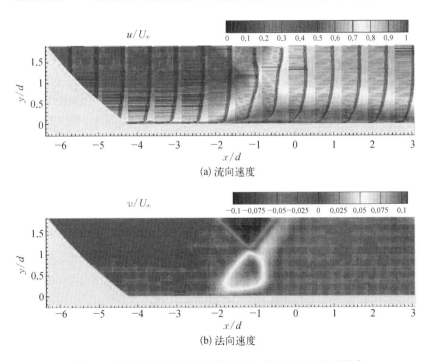

图 8.7　全景 PIV 测量技术测得的流向速度与法向速度分布

其中干扰区内的流向速度分布见图 8.8,其中速度变量采用自由来流速度进行无量纲化,x 和 y 坐标均由边界层厚度进行无量纲化,以斜激波的理论入射点作为坐标原点。图 8.7 中,$x/\delta = -2.1$ 处存在一条垂直的细线,这是两张图片拼接的边界。速度脉动与雷诺应力分布统计结果见图 8.9。

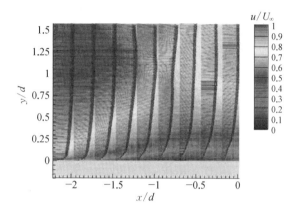

图 8.8　干扰区内的流向速度分布

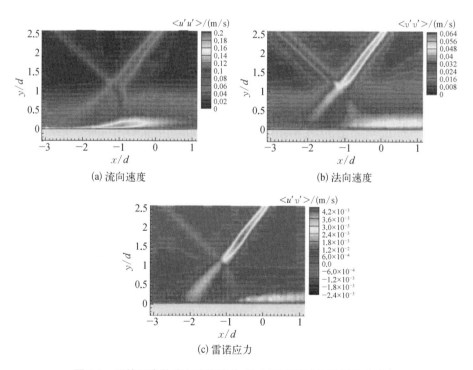

(a) 流向速度　　　　　　　　　　　　(b) 法向速度

(c) 雷诺应力

图 8.9　干扰区内的流向速度脉动、法向速度脉动与雷诺应力分布

8.2.5　激波/边界层干扰区非定常流动特征

对 100 张时序 PIV 图像进行分析,以确定反射激波振荡的幅值,结果为 $\delta/2$,反射激波脚和斜激波理论入射点之间的距离约为 2δ。

对时序流场结构进行时间平均后,流场中不存在流动分离区,但瞬时流场中可能出现回流区域,其概率分布如图 8.10 所示(灰线表示法向速度等值线,黑线表示声速线),表征了流场中发生瞬时回流(负速度)的可能性,而流场中发生分离的最大概率约为 40%。

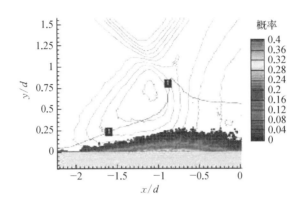

图 8.10　流动分离概率分布

8.3　RANS 数值模拟

RANS 方法对计算成本的需求较低,且能够对复杂流场进行模拟并获得相对可靠的结果。在本节中,介绍应用(U)RANS 方法及不同湍流模型,对不同雷诺数流场条件下的激波/边界层干扰流场开展数值模拟研究的结果与结论。

8.3.1　RANS 模型方程

经过适当的简化,滤波后的雷诺平均方程和 Navier - Stokes 方程具有相同的形式(变量的含义不同),因此可以采用相似的方法进行数值离散[5]。在笛卡儿坐标中 ($x_1 = x$,对应流向;$x_2 = y$,对应壁法线方向;$x_3 = z$,对应展向方向),守恒形式的方程为

$$\frac{\partial \bar{\rho}}{\partial t} + \frac{\partial (\bar{\rho} \, \tilde{u}_j)}{\partial x_j} = 0 \qquad (8.1)$$

$$\frac{\partial(\bar{\rho}\,\tilde{u}_i)}{\partial t} + \frac{\partial(\bar{\rho}\,\tilde{u}_i\,\tilde{u}_j)}{\partial x_j} = \frac{\partial\bar{p}}{\partial x_i} + \frac{\partial}{\partial x_j}(\tilde{\sigma}_{ij} - \tau_{ij}), \quad i = 1,2,3 \quad (8.2)$$

$$\frac{\partial(\bar{\rho}\,\tilde{E})}{\partial t} + \frac{\partial(\bar{\rho}\,\tilde{E} + \bar{p})}{\partial x_j} = \frac{\partial}{\partial x_i}[(\tilde{\sigma}_{ij} - \tau_{ij})\,\tilde{u}_i] - \frac{\partial}{\partial x_i}(\tilde{q}_j + Q_j) \quad (8.3)$$

式中,上划线在 LES 方法中表示空间滤波算子,而在 RANS 方法中表示雷诺平均算子;波浪线表示密度加权(Favre)平均,$\tilde{f} = \overline{\rho f}/\bar{\rho}$。

ρ、u_i、p、E、σ_{ij} 和 q_i 分别为密度、速度矢量、压力、总能量、黏性应力张量和热通量矢量,且有

$$\sigma_{ij} = 2\mu\,S_{ij}^*, \quad q_i = -\kappa\frac{\partial T}{\partial x_i} \quad (8.4)$$

$$S_{ij}^* = \frac{1}{2}\left(\frac{\partial u_i}{\partial x_j} + \frac{\partial u_j}{\partial x_i}\right) - \frac{1}{3}\frac{\partial u_k}{\partial x_k}\delta_{ij} \quad (8.5)$$

由萨瑟兰定律确定动力黏性系数 μ:

$$\frac{\tilde{\mu}}{\mu} = \left(\frac{\tilde{T}}{T_6}\right)^{3/2}\frac{1 + C}{\tilde{T}/T_\infty + C}$$

雷诺和 Favre 平均下的脉动量分别用单撇上标和双撇上标表示。导热系数 k 与动力黏性系数 μ 之间的关系为 $k = c_p\mu/P_r(P_r = 0.72)$。RANS 方法中动量和能量方程中未解析的项可以理解为湍流脉动对平均流动的影响,如 $\tau_{ij} = \bar{\rho}\,\overline{u_i''u_j''}$,$Q_j = \overline{T'u_j'}$。UFAST 项目应用的 RANS 模型中,采用简单的线性涡黏假设(Boussinesq 近似)对 τ_{ij} 和 Q_j 进行模化:

$$\tau_{ij} - \frac{1}{3}\delta_{ij}\tau_{kk} = -2\bar{\rho}\,\upsilon_t\,\tilde{S}_{ij}^*, \quad Q_j = -\kappa_t\frac{\partial\tilde{T}}{\partial x_i} \quad (8.6)$$

式中,υ_t 为涡黏系数;湍流导热系数 $\kappa_t = C_p\bar{\rho}\,\upsilon_t/Pr(Pr = 1)$。

下面介绍几种项目应用的两方程模型和一方程模型。

1. Spalart – Allmaras 模型

Spalart – Allmaras 模型[18] 是基于经验得出的湍流黏度输运微分方程,它包含一个破坏项,该破坏项与壁面距离显式相关。Spalart – Allmaras 模型使用通过阻尼函数 f_{v1} 与湍流黏度相关联的中间变量 $\tilde{\nu}$ 进行近壁处理。可压缩流中 $\tilde{\nu}$ 的输运方程的标准形式为

$$\bar{\rho}\frac{D\check{v}}{Dt} = c_{b1}\bar{\rho}\check{v} + \frac{1}{\sigma}\left[\check{S}_v\frac{\partial\left(\bar{\rho}\check{v}\frac{\partial\check{v}}{\partial x_j}\right)}{\partial x_j} + \frac{\partial\left(\bar{\rho}\check{v}\frac{\partial\check{v}}{\partial x_j}\right)}{\partial x_j} + c_{b2}\bar{\rho}\left(\frac{\partial\check{v}}{\partial x_j}\right)^2\right]$$

$$-c_{w1}f_w\bar{\rho}\left(\frac{\check{v}}{d}\right)^2 \tag{8.7}$$

式中,

$$v_t = \check{v}f_{v1}, \quad \check{S}_v = \tilde{S}_v + \frac{\check{v}}{\kappa^2 d^2}f_{v2}, \quad \tilde{S}_v = \|\tilde{\Omega}\| = \sqrt{2\,\tilde{\Omega}_{ij}\,\tilde{\Omega}_{ij}}, \quad \chi \equiv \frac{\check{v}}{\bar{v}} \tag{8.8}$$

$$f_{v1} = \frac{\chi^3}{\chi^3 + c_{v1}^3}, \quad f_{v2} = 1 - \frac{\chi}{1+\chi f_{v1}}, \quad f_w = g\left(\frac{1+c_{w3}^6}{g^6 + c_{w3}^6}\right)^{1/6} \tag{8.9}$$

$$g = r + c_{w2}(r^6 - r), \quad r \equiv \frac{\check{v}}{\tilde{S}_v \kappa^2 d^2} \tag{8.10}$$

上述公式中的模型常数为

$$\kappa = 0.41, \quad \sigma = 2/3, \quad c_{b1} = 0.135\,5, \quad c_{b2} = 0.622, \quad c_{v1} = 7.1$$

$$c_{w1} = \frac{c_{b1}}{\kappa^2} + (1 + c_{b2})/\sigma, \quad c_{w2} = 0.3, \quad c_{w3} = 2 \tag{8.11}$$

2. $k - \omega$ 模型

基于湍动能(k)输运方程和 $\omega = \varepsilon/k$ 方程的解,Wilcox[22,23] 开发的两方程湍流模型:

$$\bar{\rho}\frac{Dk}{Dt} = \tau_{ij}\frac{\partial\tilde{u}_i}{\partial x_j} - \bar{\rho}\beta^* kw + \frac{\partial}{\partial x_j}\left[(\bar{\rho}\bar{v} + \sigma_k\bar{\rho}v_t)\frac{\partial k}{\partial x_j}\right] \tag{8.12}$$

$$\bar{\rho}\frac{D\omega}{Dt} = \alpha\frac{\omega}{k}\tau_{ij}\frac{\partial\tilde{u}_i}{\partial x_j} - \bar{\rho}\beta\omega^2 + \frac{\partial}{\partial x_j}\left[(\bar{\rho}\bar{v} + \sigma_\omega\bar{\rho}v_t)\frac{\partial\omega}{\partial x_j}\right] \tag{8.13}$$

式中,$v_t = k/\omega$,且有

$$\sigma_k = 0.5, \quad \sigma_\omega = 0.5, \quad \alpha = 5/9, \quad \beta^* = 9/100, \quad \beta = 3/40$$

$k - \omega$ 模型不包含阻尼函数,因此可以使用 Dirichlet 边界条件,即使在比较极端的压力梯度条件下,也能够理想地预测边界层对数区分布(优于标准 $k - \varepsilon$ 模型)。

3. Fares – Schröder 模型

基于 Wilcox 的 $k - \omega$ 模型,Fares 和 Schröder[3] 提出了一个一方程模型,该模型对近壁流动的模拟能力与 Spalart – Allmaras 模型相近,并针对射流和分离涡流动可能具有更优的模拟能力。针对式(8.13),Fares 和 Schroder[3] 引入了 υ_t 的输运方程:

$$\frac{D\upsilon_t}{Dt} = \frac{1}{\omega}\left(\frac{Dk}{Dt} - \upsilon_t \frac{D\omega}{Dt}\right) \tag{8.14}$$

对式(8.14)应用 Bradshaw 假设并作适当简化,得到:

$$\bar{\rho}\,\frac{D\,\check{\upsilon}}{Dt} = 2(1 - \alpha)\,\bar{\rho}\,\frac{\check{\upsilon}}{\omega}\,S_{ij}\,\frac{\partial \tilde{u}_i}{\partial x_j} - (\beta^* - \beta)\,\bar{\rho}\,\check{\upsilon}\omega + \frac{\partial}{\partial x_j}\left[(\bar{\rho}\,\bar{\upsilon} + \sigma\,\bar{\rho}\,\check{\upsilon})\,\frac{\partial \check{\upsilon}}{\partial x_j}\right]$$

$$+ 2\,\frac{(\bar{\rho}\,\bar{\upsilon} + \sigma\,\bar{\rho}\,\check{\upsilon})}{\omega}\,\frac{\partial \check{\upsilon}}{\partial x_j}\,\frac{\partial \omega}{\partial x_j} \tag{8.15}$$

式中,各系数和封闭函数的定义为

$$\sigma^* = 0.5, \quad \sigma = 0.5, \quad \alpha = 0.52, \quad \beta_c^* = 0.09, \quad \beta_c = 0.072 \tag{8.16}$$

$$\beta^* = \beta_c^* f_\beta^*, \quad f_\beta^* = \frac{1 + 680\psi_k^2}{1 + 400\psi_k^2}, \quad \psi_k = \max\left(0,\ \frac{1}{\omega^3}\,\frac{\partial k}{\partial x_j}\,\frac{\partial \omega}{\partial x_j}\right) \tag{8.17}$$

$$\beta = \beta_c f_\beta, \quad f_\beta = \frac{1 + 70\psi_\omega}{1 + 80\psi_\omega}, \quad \psi_\omega = \left|\frac{\tilde{\Omega}_{ij}\,\tilde{\Omega}_{jk}S_{ki}}{(\beta_c^*\,\omega)^3}\right| \tag{8.18}$$

在壁面附近,函数 ψ_k、ψ_ω 的值均接近零,因此两者的作用比较微弱。

8.3.2   RANS 数值模拟的设置

TUD 数值模拟算例的流场示意图见图 8.11,不同参研单位针对的具体构型存在一定的差异:LMFA 对包含激波发生器、上游边界层发展区域、侧壁流动区域等的完整流场进行了模拟,其数值结果能够反映三维效应;URMLS 只模拟了部分干扰区,即图 8.11 中的虚线方框部分,这样处理的优势在于能够使用正交的结构网格和高效的流动求解器,但需在计算域的左边界给定准确的入口条件,在上边界处使用 Rankine – Hugoniot 跃变条件,人为施加入射激波。

由于所有的湍流尺度都已经被模化而不需要被解析,RANS 方法控制方程的离散过程并不复杂,且不一定需要具有低耗散和色散的数值格式。LMFA 使

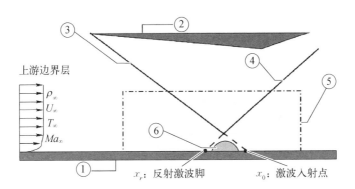

图 8.11 TUD 应用 RANS 方法开展数值模拟的计算域示意图

①-平板;②-激波发生器;③-入射激波;④-反射激波;⑤-计算域;⑥-干扰区

用 Spalart – Allmaras 湍流模型求解 RANS 方程,基于结构化的多块有限体积求解器,使用具有 minmod 限制器的 Roe 格式和隐式时间推进。图 8.12 展示了 LMFA 计算使用的结构化多块网格,包括 4.4×10^6 个网格点,分为 16 个块。URMLS 采用的 RANS 计算中使用笛卡儿网格,通过七阶 WENO 格式离散控制方程中的对流通量,$\tilde{v}$、k、ω 的输运方程则通过带有 van – Leer 限制器的标准二阶 TVD 格式离散,以确保输运特性的正性。采用标准二阶中心差进行黏性通量的离散,并且采用经典的四步四阶显式 Runge – Kutta 算法进行时间推进。

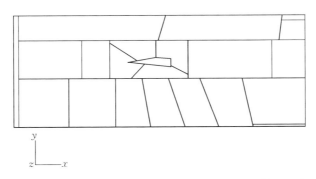

图 8.12 LMFA 应用 RANS 方法开展数值模拟的计算域示意图

8.3.3 RANS 结果

LMFA 的三维 RANS 结果见图 8.13,图中展示了三个截面上的马赫数分布。$x - y$ 截面的马赫数分布表明流动经过激波发生器产生激波,激波与下壁面及上壁面均产生激波/边界层干扰。此外,图中还展示了反射激波与激波发生器后缘生成的膨胀扇之间的相互作用,以及下游产生的复杂流动。图 8.13(b)展示了 $x-z$ 截面中侧壁面附近的二次流动,侧壁拐角处存在显著的流动分离。从 $z-y$ 截面的马赫数分布来看,中位面附近的流场可以看作二维流场。

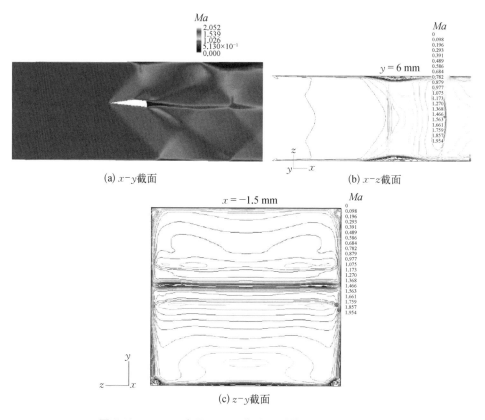

(a) $x-y$ 截面　　　　　　　　　　　　　(b) $x-z$ 截面

(c) $z-y$ 截面

图 8.13　LMFA 应用 RANS 方法预测的流场马赫数分布

URMLS 开展了多次数值模拟,以获得下列参数与因素对这类流动的主要影响,包括: ① 雷诺数; ② 网格尺寸; ③ 湍流模型; ④ 三维效应; ⑤ 干扰模式(结构)的(非)定常性。针对雷诺数影响,开展了两组数值模拟研究:其中一组的流场雷诺数与风洞实验流场参数相近($Re_\theta \approx 45\,000$,参见表 8.4),将其标记为高雷诺数(HR)流场;另一个流场中的雷诺数值较小($Re_\theta \approx 2\,800$),将其标记为低雷诺数(LR)流场。

首先根据低雷诺数(LR)流场结果评估网格间距对数值模拟结果的影响。数值结果表明,在平行于壁面的方向上,网格间距大约为 100 个壁面单位时,能够保证结果的网格无关性,而壁面的第一个点必须在 1~2 个壁面单位的距离上。此外,应用 URANS 方法针对低雷诺数(LR)流场开展非定常性研究,在入口处施加合成射流扰动,结果表明流场中存在非定常流动特征,如分离泡的"呼吸"过程、反射激波的振荡特征等,且这些非定常特征与入口处施加扰动的参数之间存在密切联系[13]。总的来说,采用 URANS 方法得到的时间平均流场与 RANS 方法获得的流场非常相似。图 8.14 展示了 RANS‒LR 和 URANS‒LR 的平均壁面摩擦系数和壁面压力的分布情况。

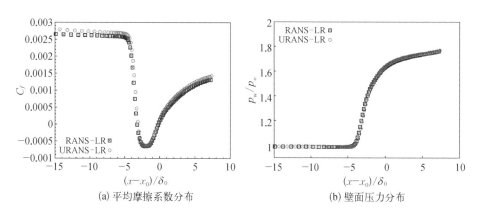

(a) 平均摩擦系数分布　　　　　　　　(b) 壁面压力分布

图 8.14　平均摩擦系数分布与壁面压力分布的 RANS‒LR 和 URANS‒LR 数值结果

采用 HR 流场结果评估湍流模型的影响。应用前面介绍的三个 RANS 模型,获得的平均流向速度和法向速度场结果见图 8.15,由图可知,不同 RANS 模型对干扰区整体形态和尺寸的预测结果基本一致,但恢复区内的摩擦系数分布存在一定差异,Spalart‒Allmaras 模型对干扰区下游流场的预测结果最接近实验结果。

应用 Spalart‒Allmaras 湍流模型、高雷诺数(HR)流场、带侧壁面构型开展数值模拟研究,流场结构、压力等值面及速度等值面结果见图 8.16,从激波的剧烈弯曲处和 $y^+ = 18$ 平面处的展向速度峰值分布能够判定侧壁面附近存在流动分离。在该流场条件下,侧壁面对下壁面流场的影响较弱,影响区域主要在距侧壁面 $2\delta_0$ 处,展向上大部分流场可看作二维流场($10\delta_0$ 范围),与 TUD 的实验结果一致。

与斜激波理论入射点的位置相比,三维效应的主要影响之一,是使激波的真实入射点向下游移动。在高雷诺数(HR)流场条件下,二维和三维干扰数值模拟预测的摩擦系数与壁面压力分布结果见图 8.17,结果表明三维效应影响了干扰区的起始位置,在三维效应的影响下,干扰区的位置向下游移动了约 $0.65\delta_0$。此外,三维效应还影响了干扰区下游的压力分布和流动恢复到平衡状态的速度。

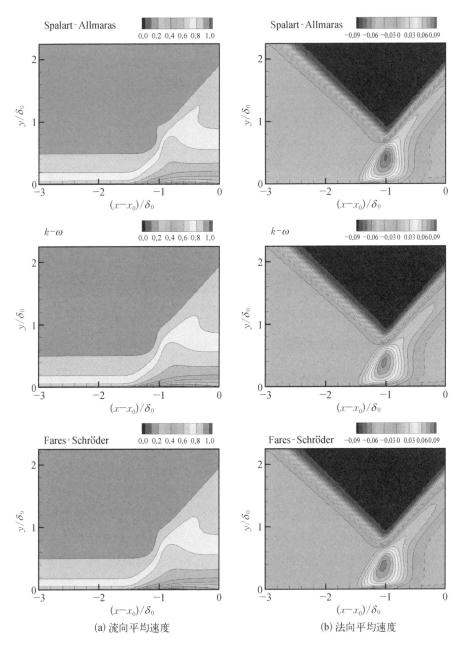

(a) 流向平均速度　　　　　　　　　　　(b) 法向平均速度

图 8.15　在 **RANS - HR** 流场、不同湍流模型下的平均流向速度$\bar{u}/u_\infty$与
平均法向速度$\bar{v}/U_\infty$模拟结果(单位: **m/s**)

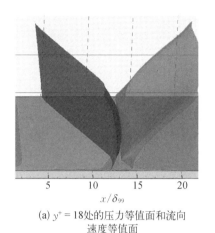
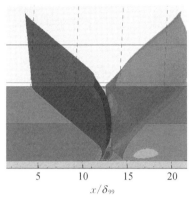

(a) $y^+ = 18$处的压力等值面和流向　　　　(b) $y^+ = 18$处的压力等值面和展向
　　　速度等值面　　　　　　　　　　　　　　　速度等值面

图 8.16　RANS‐HR 流场的 $p/p_\infty = 1.2$ 与 $p/p_\infty = 1.65$ 压力等值面和速度等值面

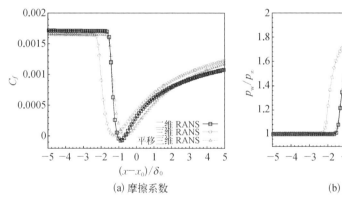
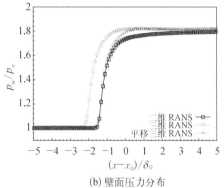

(a) 摩擦系数　　　　　　　　　　　　　(b) 壁面压力分布

图 8.17　RANS‐HR 流场、二维和三维构型的数值结果

8.4　LES 数值模拟

本节介绍 URMLS 和 SOTON 开展的 LES 数值模拟结果。LES 方法具有模拟三维激波/湍流边界层干扰非定常流动的能力,因此在 UFAST 项目中,选择该方法作为主要的数值模拟手段之一。但是,受目前计算资源的限制,即使对于几何构型相对简单的流场(如本节中的几何构型),也需要耗费大量的资源。此外,在较高的雷诺数流场中,在需要解析湍流生成的近壁区域,LES 方法存在一定的局限性。因此,应用 LES 方法对低雷诺数(LR)流场开展数值模拟研究,且

URMLS 和 SOTON 使用相同的网格和亚格子应力（subgrid scale,SGS）模型,对低雷诺数（LR）流场开展 LES,以尽量降低数值离散和边界条件对数值结果的影响。

8.4.1 LES 模型

在 LES 方法中,将式（8.3）中动量和能量方程中的未解析项处理为亚格子网格尺度流动对已解析尺度流动的影响,其中

$$\tau_{ij} = \bar{\rho}(\widetilde{u_i u_j} - \tilde{u}_i \tilde{u}_j), \quad Q_j = \widetilde{Tu_j} - \tilde{T} \tilde{u}_j$$

采用线性涡黏假设对 LES 模型中的 τ_{ij} 和 Q_j 进行模化:

$$\tau_{ij} - \frac{1}{3}\delta_{ij}\tau_{\kappa\kappa} = -2\bar{\rho}v_t \tilde{S}_{ij}^*, \quad Q_j = -\kappa_t \frac{\partial \tilde{T}}{\partial x_i} \tag{8.19}$$

式中,v_t 为亚格子黏性系数;湍流导热率 $\kappa_t = c_p \bar{\rho}v_t/Pr$, $Pr = 0.6$。

基于 SOTON 和 URMLS 的初步研究结果,确定应用 Inagaki 等发展的混合时间尺度亚格子模型[6],保证在不使用壁面阻尼函数时,近壁区域的涡流黏度依然具有正确的渐进特性。亚格子尺度黏性系数为

$$v_t = \frac{C_{\mathrm{MTS}}}{1 + (RC_T)^{-1}} \bar{\Delta} \sqrt{k_{\mathrm{es}}} \tag{8.20}$$

式中,$R = \sqrt{k_{\mathrm{es}}}/(\bar{\Delta}\tilde{S}^*)$; k_{es} 是亚格子尺度的湍动能,$k_{\mathrm{es}} = (\tilde{u} - \hat{\tilde{u}})^2$;“帽子”上标表示从梯形规则[11]导出的过滤器算子;$\bar{\Delta}$ 是过滤器宽度,且 $\bar{\Delta} = (\Delta x \Delta z)^{1/2}$;模型常数采用 Touber 和 Sandham[20]的建议值,$C_{\mathrm{MTS}} = 0.03$, $C_T = 10$。

8.4.2 数值离散和边界条件

对于流动控制方程（8.3）,SOTON 采用四阶中心差分格式离散对流项,采用三阶显式 Runge-Kutta 方法进行时间推进,利用 Euler 项的熵分裂和黏性项的 Laplacian 公式增强无耗散中心格式的稳定性[12],采用标准 TVD 格式的一种变型与 Ducros 探测器[2]耦合,捕捉激波[24]。URLMS 方面,前期曾开发了应用于超声速湍流边界层的有限差分格式[9,10],对流通量项采用基于 Ducros 探测器开关的混合七阶 WENO/中心格式进行离散,黏性通量采用二阶中心差分离散,时间推进则采用经典的四步四阶显式 Runge-Kutta 格式。上述两套求解器都使用 MPI 消息传递库,能够在三个坐标方向上开展并行运算。

SOTON 和 URLMS 对同一套网格开展数值模拟,计算域如图 8.18 所示,尺寸

为 $L_x \times L_y \times L_z = 36\delta_0 \times 7.4\delta_0 \times 4.1\delta_0$，其中下角标 x、y 和 z 分别表示流向、法向和展向方向，δ_0 是计算域入口处的边界层厚度，边界条件如下：⑦为入口；⑧为出口；⑨为壁面；⑩为出口条件+R - H 条件；⑪为周期条件；⑫为周期条件。使用由 $451 \times 151 \times 141$ 个点组成的网格离散该计算域，网格分辨率为 $\Delta_x^+ \times \Delta_y^+ \times \Delta_z^+ \approx 40 \times 1.6 \times 14$，边界层内含有 90 个网格点。

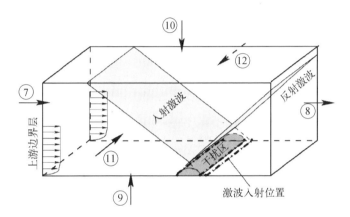

图 8.18　TUD 入射激波干扰 LES 计算域

下壁面采用无滑移等温壁条件，上壁面和出口边界使用综合特征格式，最大限度地减少计算边界处的反射[19]，同时在上壁面边界使用 Rankine - Hugoniot 跃变关系引入斜激波。湍流的大涡模拟需要在入口给出三维非定常的边界条件，使流场可以快速过渡到完全湍流状态。在 UFAST 项目中，SOTON 和 URMLS 采用了不同的入口条件，SOTON 应用了由 Klein 等[7]、Touber 和 Sandham[20] 完善的数字滤波方法，URMLS 则使用由 Sandham 等提出的合成入口条件方法[13]，在入口处引入随时间变化的扰动来模仿边界层的相干结构，具体为

$$u'(x, y, z, t) = \sqrt{\frac{\rho_w}{\bar{\rho}(y)}} U_\infty \sum_{j=0}^{4} a_j A_{1j}(y) F_j(x, t) g_j(z) \qquad (8.21)$$

$$v'(x, y, z, t) = \sqrt{\frac{\rho_w}{\bar{\rho}(y)}} U_\infty \sum_{j=0}^{4} b_j A_{2j}(y) F_j(x, t) g_j(z) \qquad (8.22)$$

式中，

$$A_{1j}(y) = (y/y_j) e^{-y/y_j} \qquad (8.23)$$

$$A_{2j}(y) = (y/y_j)^2 e^{(y/y_j)^2} \qquad (8.24)$$

$$F_j(x, t) = \sin\left[\omega_j\left(\frac{x}{u_{cj}} - t\right)\right] \tag{8.25}$$

$$g_j(z) = \cos\left[\frac{2\pi z}{\lambda_{zj}} + \varphi_j\right] \tag{8.26}$$

模态 $j=0$ 表征内层条带和展向距离 $\lambda_z^+ = 120$、长度 $\lambda_x^+ = 520$ 的流向涡,模态 $j=1, \cdots, 4$ 对应外层中的大涡结构。振幅 a_j、b_j 及各模态的时空尺度值见表 8.3 (δ_0 和 $\delta_v = v_w / u_\tau$ 分别是入口位置处的边界层厚度和黏性长度尺度)。为了尽量降低数值方法造成的流场对称性,在边界层内添加最大幅值 $u'/U_\infty = 4\%$ 的无散度随机速度脉动[8],同时假设入口速度场为螺线管型,以确定展向速度分量。这两种方法都可以使流场在距入口约 $15\delta_0$ 的距离内充分发展为湍流。但是,采用合成入口条件时,即使在距离入口较远的下游位置处,依然发现了入口条件的一些残留特征,这可能与边界层外层雷诺应力分布的波动有关。

表 8.3　合成入口参数

j	y_j	a_j	b_j	ω_j	u_{cj}	λ_{zj}	φ_j
0	$12.0\delta_v$	1.20	-0.25	$0.12\, u_\tau/\delta_v$	$10\, u_\tau$	$120\delta_v$	0.00
1	$0.25\delta_0$	0.32	-0.06	$1.2 u_\infty/\delta_0$	$0.9\, u_\infty$	$L_z/3$	5.01
2	$0.35\delta_0$	0.20	-0.05	$0.6\, u_\infty/\delta_0$	$0.9\, u_\infty$	$L_z/4$	4.00
3	$0.5\delta_0$	0.08	-0.04	$0.4\, u_\infty/\delta_0$	$0.9\, u_\infty$	$L_z/5$	3.70
4	$0.6\delta_0$	0.04	-0.03	$0.2\, u_\infty/\delta_0$	$0.9\, u_\infty$	$L_z/6$	0.99

8.5　数值模拟结果与实验结果的对比

本节主要介绍数值模拟结果并与实验结果进行对比。SOTON 和 URMLS 采用的 LES 的主要差异在于应用了不同的入口条件和数值离散方法(分别标记为 SOTON - LES 和 URMLS - LES);对于(U)RANS 方法数值模拟,8.3 节中已探讨了非定常效应、三维效应及湍流模型的影响,因此本节主要讨论 URMLS 开展的两组定常、二维 RANS 数值结果,其中一组与 LES 方法数值模拟的流场雷诺数相同(标记为 URMLS - RANS - LR),另一组与实验流场雷诺数接近(标记为 URMLS -

RANS - HR);LMFA 开展了定常、三维 RANS 数值模拟研究(标记为 LMFA - RANS)。激波/边界层干扰参数见表 8.4(下标 r 表示在激波上游参考位置处测量)。

表 8.4　实验和数值模拟中的激波/边界层干扰参数

参　数	TUD - DUAL	SOTON - LES	URMLS - LES	LMFA - RANS	URMLS - RANS - LR	URMLS - RANS - HR
$Re_{\theta r}$	50 000	2 678	2 678	7 229	2 833	44 954
$C_{f r}$	0.001 49	0.002 44	0.002 55	0.005 94	0.002 59	0.001 71
$\delta_{i r}^*/\delta_r$	0.116	0.145	0.162	0.107	0.148	0.108
$H_{r r}$	1.25	1.41	1.39	1.29	1.40	1.26
L/δ_r	1.92	2.91	2.85	3.56	2.51	1.67
$L/\delta_{i r}^*$	16.6	20.1	17.6	33.4	17.0	15.4

8.5.1　流场结构

从两组 LES 数值模拟结果提取的 $x-y$ 平面瞬时温度云图见图 8.19,由图可知,边界层外层中的湍流结构与壁面呈一定角度,与亚声速与超声速湍流边界层实验中观察到的结果相似[14],这些特征结构之间由无黏流动包围着。从图 8.19 中可以看出,激波/湍流边界层干扰增强了流场中的掺混效应。SOTON - LES 和 URMLS - LES 预测的温度场分布呈现出一定的相似性。RANS 方法过滤了湍流脉动,因此获得的流场是定常的,其预测的流动结构也更简单。

URMLS - LES 获得的不同 $x-y$ 平面上的瞬时流向速度分布见图 8.20(实线区域为瞬时回流区,黑实线区域表征速度为负值),干扰区上游的近壁区中存在交替的细长形条带结构,其展向特征间距约为 100 个壁面单位,长度约为 1 000 个壁面单位。在干扰区内斜激波名义入射点的上游,存在零散分布的回流区。随着离开壁面的距离增大,条带结构不再呈现为细长形态,更接近于各向同性,出现瞬时回流区的可能性也降低。对时序的流场结构进行分析发现,瞬时流动分离线的形状通常与激波上游的细长条带结构密切相关[4]。

TUD 风洞实验和数值模拟获得的激波/边界层干扰流场特征参数见表 8.4。以斜激波名义入射点作为坐标 x 的原点,在绝大多数情况下,使用 $(x-x_0)/\delta_r = -4$ 处的边界层厚度 δ_r。对于 LMFA - RANS,使用 $(x-x_0)/\delta_r = -6$ 处的边界层厚度值。将斜激波名义入射点与激波反射角之间的距离 L 定义为干扰区的特征

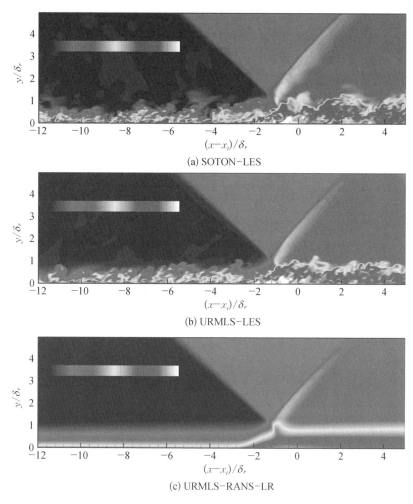

(a) SOTON-LES

(b) URMLS-LES

(c) URMLS-RANS-LR

图 8.19 x-y 平面的瞬时温度云图(T/T_∞)

长度尺度,如图 8.21 所示。

在低雷诺数流场条件下,SOTON–LES、URMLS–LES 和 URMLS–RANS–LR 获得的流场特征总体相似,但对边界层特性的预测结果与实验结果之间存在显著差异。数值方法预测的边界层形状因子大于实验测量结果,意味着边界层内层的速度剖面更加不饱满,相应地,摩擦系数的预测结果也偏低。在高雷诺数流场条件下,URMLS–RANS–HR 和 LMFA–RANS 对边界层结构的模拟结果更接近实验结果,但 URMLS–RANS–HR 预测的摩擦系数仍与实验结果存在约 15% 的差异,LMFA–RANS 预测的摩擦系数与实验结果之间的差值更大。当

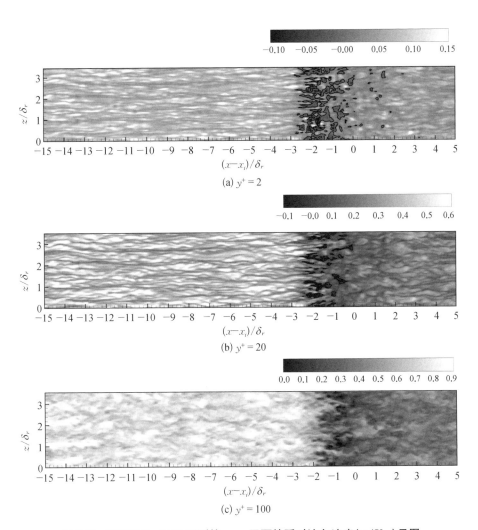

(a) $y^+ = 2$

(b) $y^+ = 20$

(c) $y^+ = 100$

图 8.20 **URMLS‒LES 预测的 x‒y 平面的瞬时流向速度(u/U_∞)云图**

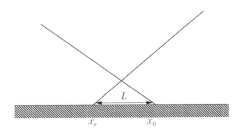

图 8.21 **激波/边界层干扰特征长度的定义示意图**

然,需要注意的是风洞实验中对摩擦系数的测量结果也存在较高的不确定度。

低雷诺数流场条件下,对干扰区尺寸的预测值与实验结果相当;而在高雷诺数流场条件下,URMLS – RANS – HR 对干扰区尺寸的预测值偏小。Delery 和 Marvin[1]建议使用干扰区上游的边界层位移厚度对干扰区特征尺寸进行无量纲化,能够获得较好的归一化的干扰区特征长度。

8.5.2　统计特性

干扰区上游处的边界层速度分布如图 8.22 所示,SOTON – LES 和 URMLS – RANS 预测的边界层外层速度分布结果基本一致,而 URMLS – LES 预测的边界层速度剖面没有前两种结果饱满。LMFA – RANS 与其他数值结果之间的偏差较显著,这可能是由表面摩擦系数的误差引起的。半对数坐标系下(横坐标为对数坐标)的边界层速度分布见图 8.23。

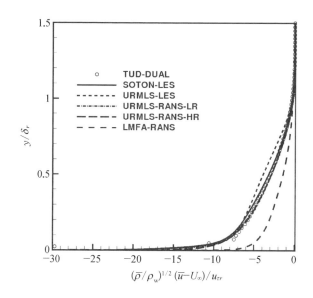

图 8.22　干扰区上游处的边界层速度剖面

DUAL 表示双幅 PIV

$$\bar{u}_{\mathrm{vd}} = \int_0^{\bar{u}} \left(\frac{\bar{\rho}}{\bar{\rho}_{\mathrm{w}}} \right)^{1/2} \mathrm{d}\,\bar{u} \tag{8.27}$$

式中,$\bar{u}_{\mathrm{vd}}$ 为 van Driest 速度。

边界层内层速度分布 LES 的预测结果接近,对数区的对数律常数约为 6,与

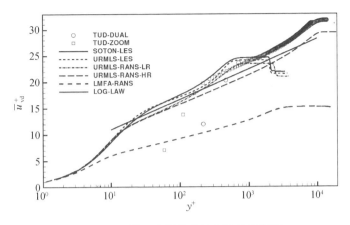

图 8.23　干扰区上游处的边界层速度剖面

其他学者获得的结果一致。URMLS - LES 对边界层外层速度分布的预测值偏低，而 URMLS - RANS - HR 的预测结果与实验结果相近（$y^+ \geqslant 300$ 的结果比较可靠），但对数律（LOG - LAW）常数预测值与实验测得的 $C \approx 6.3$ 存在偏差。

壁面单位无量纲雷诺应力分布见图 8.24，需要注意的是，LES 方法给出的是解析的应力分布结果，而 RANS 方法是根据 Boussinesq 近似估算得到雷诺应力。SOTON - LES 和 URMLS - LES 预测的雷诺应力分布非常接近，尤其是对内层雷诺应力的预测均与实验结果吻合。在边界层外层，URMLS - LES 对流向分量的预测结果中出现了非物理的趋势，这可能与合成入口条件的影响有关，而SOTON - LES 预测的单调下降的趋势与实验结果一致。RANS 方法不具备预测正应力的能力，URMLS - RANS - LR 和 URMLS - RANS - HR 均给出了切向应力的定性分布结果，但对峰值的预测结果约比实验结果偏大 50%。

摩擦系数和平均壁面压力结果见图 8.25，其中摩擦系数是基于速度分布外推求得的，壁面压力也是基于 PIV 实验结果对动量方程进行积分得到的[21]。从图 8.25 来看，URMLS - RANS - HR 基本准确地预测了干扰区上游的摩擦系数分布，以及其在干扰区内部的趋势。实验测得的摩擦系数结果表明流场中不存在流动分离，但 SOTON - LES 和 URMLS - LES 结果则表明流场中存在流动分离区，且两种 LES 方法预测的摩擦系数也相近。从 LES 数值结果来看，时间平均的流动分离区高度约为数个壁面单元，如果风洞实验中确实存在流动分离，也很难观测到这一现象。LES 预测的壁面压力分布与实验结果基本一致，但对上游影响范围的预测偏大。壁面压力的实验结果中出现了一个拐点，这可能是对压力梯度进行积分时导致的错误结果。

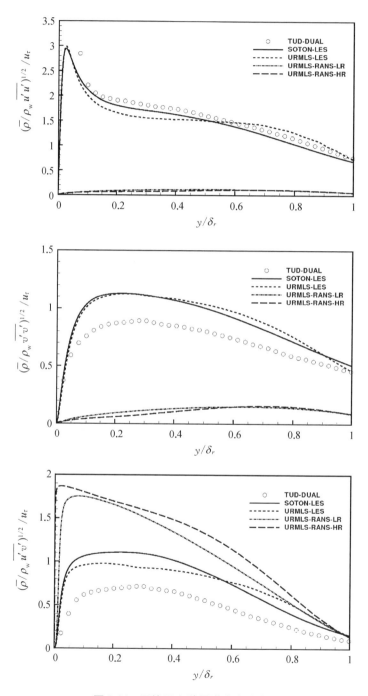

图 8.24 干扰区上游雷诺应力分布

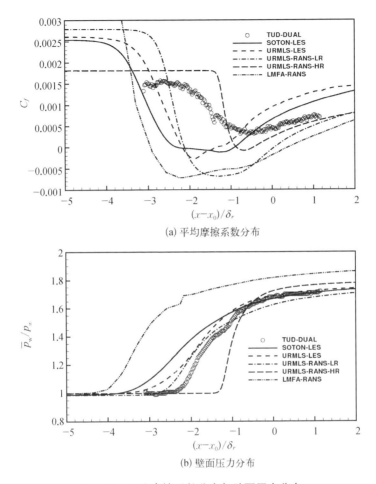

(a) 平均摩擦系数分布

(b) 壁面压力分布

图 8.25 平均摩擦系数分布与壁面压力分布

　　边界层厚度和形状因子的分布情况见图 8.26。LES 方法对干扰区特征尺寸和边界层特征的预测不准确,但是,URMLS - RANS - HR 对整个干扰区内边界层的发展和形状因子的预测结果与实验结果更接近。

　　无量纲的速度分布云图见图 8.27 和图 8.28,结果表明,对于低雷诺数流场条件,LES 方法和 RANS 方法等数值模拟结果均与实验结果具有相近的分布,对干扰区内最大法向速度的预测结果比较理想。TUD 实验结果显示,$(x - x_0)/\delta_r \approx -2$ 处的边界层未受到下游干扰的影响,该处的反射激波也为平直的构型。相等的流场条件下(低雷诺数流场),数值结果表明边界层在下游逆压梯度的作用下发展缓慢。此外,在 URMLS - RANS - HR 流场的数值模拟结果也发现了相似结构,但整体干扰尺度要小得多。

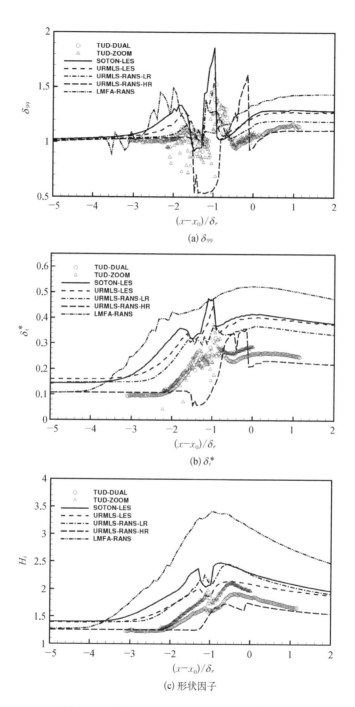

图 8.26　边界层厚度和形状因子的分布情况

ZOOM 表示聚焦 PIV

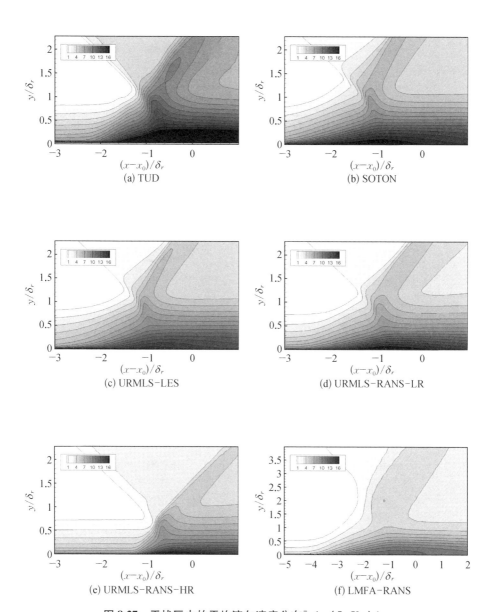

图 8.27 干扰区内的平均流向速度分布 $\bar{\rho}_r/\rho_w(\bar{u}-U_\infty)/u_{\tau\tau}$

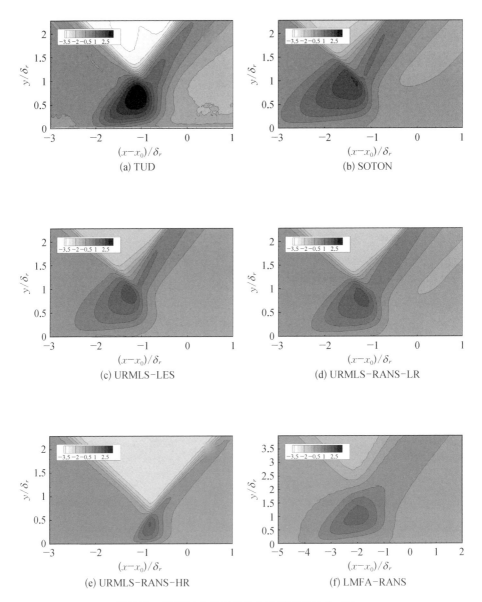

(a) TUD

(b) SOTON

(c) URMLS-LES

(d) URMLS-RANS-LR

(e) URMLS-RANS-HR

(f) LMFA-RANS

图 8.28 干扰区内的平均法向速度分布 $\bar{\rho}_r / \rho_w \bar{v} / u_{\tau r}$

无量纲雷诺应力分布见图 8.29~图 8.31。由图可知,在反射激波脚下方,流向雷诺应力具有极大值,与 Pirozzoli 和 Grasso 观测到的结果一致[10],他们指出湍流应力的产生与涡结构的非定常脱落过程密切相关,而涡结构的脱落又与边界层速度剖面的拐点存在关联。尽管两组 LES 数值结果中都捕捉到了该现象,但雷诺应力峰值的位置距壁面更远,其强度值偏低了约 25%。展向和法向雷诺应力分量也存在类似的分布特征,但法向正应力的峰值位于干扰区的末段。剪应力分布则存在两个峰值(实验中未观察到第一个峰值)。值得注意的是,LMFA - RANS 方法对雷诺应力和干扰区下游的湍流度的预测结果与实验结果十分吻合。

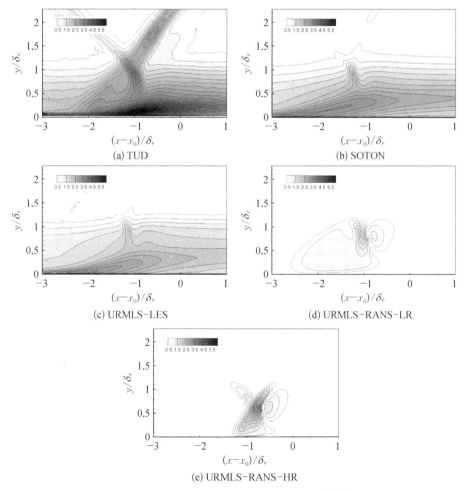

图 8.29　干扰区内的流向雷诺应力分布 $(\bar{\rho}_r/\rho_w \overline{u'u'})^{1/2}/u_\tau$

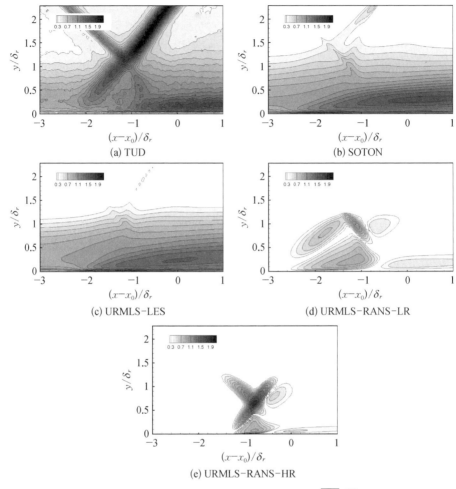

图 8.30　干扰区内的法向雷诺应力分布$(\bar{\rho}_r/\rho_w\overline{v'v'})^{1/2}/u_{\pi r}$

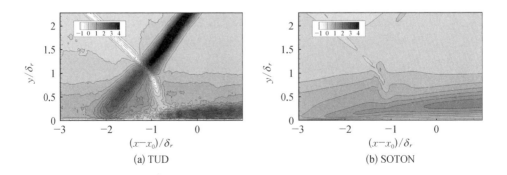

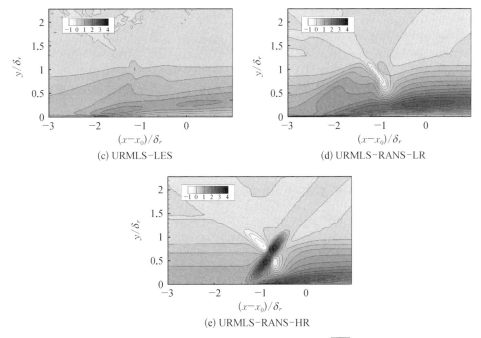

图 8.31　干扰区内的剪切雷诺应力分布 $(\bar{\rho}_r/\rho_w\overline{u'v'})^{1/2}/u_\pi$

8.5.3　非定常特征

LES 方法是模拟非定常流动特性的有力工具,能够预测干扰区内的脉动载荷分布。LES 结果表明,时间平均的流场中基本不存在分离区,但在逆压梯度的作用下,流场中偶尔会出现局部、分散的分离区。将 $u<0$ 区域出现的统计学概率定义为表征局部分离区的间歇系数,结果见图 8.32, $-3 \leqslant (x-x_0)/\delta_r \leqslant 0$ 区域出现回流区的概率约为 60%。对干扰区内出现回流区的两组 LES 预测结果均比实验测得的结果大,但 SOTON - LES 对分离区位置的预测结果是比较准确的。

通过对壁面压力时序信号进行分析,能够获得干扰区内的非定常特征。LES 数值结果中壁面压力的功率谱密度分布如图 8.33 所示,在干扰区上游,能量集中在无量纲频率 $St \approx 1$ 附近,表征了特征尺寸为边界层厚度的大涡结构。干扰区内的功率谱密度分布表明低频模态的能量增强,以及干扰区存在低频非定常运动[20]。除了低频段区域的能量增强之外,高频峰值的特征频率也存在降低的趋势,这可能与边界层增厚或混合层中涡结构的脱落过程相关。SOTON -

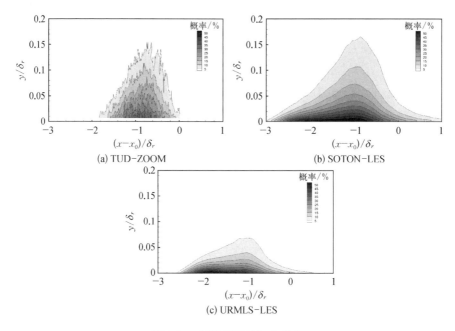

图 8.32　干扰区回流概率分布

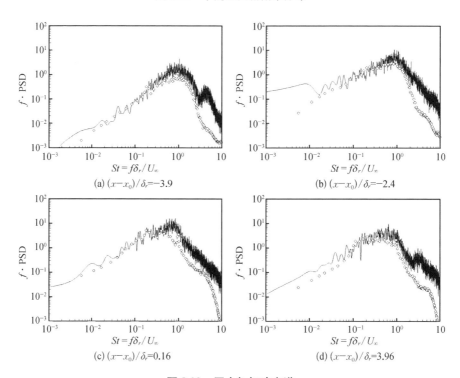

图 8.33　压力加权功率谱

LES 结果与 URMLS‐LES 数值模拟结果之间的一致性较好,但由于 SOTON‐
LES 的模拟时间更长,能够更好地解析激波/边界层干扰的低频特性。

8.6　结论

TUD 风洞实验中,通过应用 PIV 测量技术获得了激波/边界层干扰流场的
平均速度场分布、雷诺应力分量、流场中出现分离区的概率分布及流向速度的自
相关结果。受 PIV 测量技术的限制,未获得近壁面处的参数结果。

在 TUD 实验流场中,并未观测到时间平均的流动分离区,对于较高雷诺数
的流场,无法开展 LES 数值模拟并与实验结果进行有效对比。

基于(U)RANS 数值模拟结果得到的主要结论如下:① 与实验获得的结论
一致,证实该构型流场中三维效应的影响比较弱;② 只有对来流边界层进行较
强的刺激时,才能在 RANS 计算中获得非定常流动,因此在不存在大范围流动分
离的情形下,不会发生自发的大规模非定常流动;③ 不同湍流模型对干扰区的
总体特征的影响很小。

由两家参研单位分别开展了 LES 研究,总的来说结果基本一致。值得注意
的是,来流边界层速度剖面的对数律常数略微偏大,自由来流雷诺应力分量与典
型边界层理论结果及 TUD 实验结果吻合。

对激波/边界层干扰区内的数值模拟结果并不理想。在较低的雷诺数流动
条件下,LES 和 RANS 预测的干扰区尺寸均偏大;但高雷诺数流场下的 RANS 结
果表明,即使对干扰区上游和下游流场的预测比较准确,对干扰区尺寸的预测结
果仍偏小。LES 方法可以作为 RANS 方法的验证工具,但目前 LES 方法尚无法
应用于较高雷诺数流场中。

风洞实验与数值模拟结果均表明,在反射激波脚附近形成一个混合层结构,
混合层几乎与壁面平行并向下游发展,导致雷诺应力分量随之增大,LES 方法和
RANS 方法均较理想地预测了该流动特征。

对于激波/边界层干扰诱发的流动分离问题,从时间平均结果来看,流动中
并未出现稳定的分离区,但在不同时刻、不同空间位置处可能存在瞬时的小尺度
分离区域。两组 LES 结果对壁面压力频谱分布的预测结果具有很好的一致性,
干扰区内可能存在低频非定常流动特征。

总的来说,采用 LES 方法能够帮助我们深入理解激波/边界层干扰问题,但

它在较高雷诺数流场的计算能力仍无法满足目前研究的需求。RANS 方法对较低雷诺数流场的模拟结果与 LES 结果接近,RANS 方法中的几类湍流模型均能够精确地预测激波/边界层干扰流场的总体特征,也能够捕捉到混合层结构;另外,在高雷诺数流场条件下,RANS 方法能够很好地预测干扰区上游和下游流场,但对干扰区尺寸的模拟结果却不理想,造成这种差异的原因还需开展更进一步的研究。

参考文献

[1] Delery J, Marvin J G. Shock-wave boundary layer interactions. North At-lantic Treaty Organization Advisory Group for Aerospace Research and Development, 1986: 280.

[2] Ducros F, Ferrand V, Nicoud F, et al. Large-eddy simulation of the shock/turbulence interaction. Journal of Computational Physics, 1999, 152(2): 517 – 549.

[3] Fares E, Schröder W. A general one-equation turbulence model for free shear and wall-bounded flows. Flow, Turbulence and Combustion, 2004, 73: 187 – 215.

[4] Ganapathisubramani B, Clemens N T, Dolling D S. Effects of upstream boundary layer on the unsteadiness of shock-induced separation. Journal of Fluid Mechanics, 2007, 585: 369 – 394.

[5] Hanjalic K. Will RANS survive LES? A view of perspectives. Journal of Fluids Engineering, 2005, 127(127): 831 – 839.

[6] Inagaki M, Kondoh T, Nagano Y. A mixed-time-scale sgs model with fixed model-parameters for practical LES. Journal of Fluids Engineering, 2005, 127(1): 1 – 13.

[7] Klein M, Sadiki A, Janicka J. A digital filter based generation of inflow data for spatially developing direct numerical or large eddy simulations. Journal of Computational Physics, 2003, 186(2): 652 – 665.

[8] Li Q, Coleman G N. DNS of an oblique shock wave impinging upon a turbulent boundary layer. Springer Netherlands, 2004.

[9] Pirozzoli S, Grasso F. Direct numerical simulations of isotropic compressible turbulence: Influence of compressibility on dynamics and structures. Physics of Fluids, 2004, 16(12): 4386 – 4407.

[10] Pirozzoli S, Grasso F. Direct numerical simulation of impinging shock wave/turbulent boundary layer interaction at $M = 2.25$. Physics of Fluids, 2006, 18(6): 1 – 17.

[11] Sagaut P. Large-eddy simulation for incompressible flows: an introduction to large-eddy simulations. Berlin: Springer, 2001.

[12] Sandham N D, Li Q, Yee H C. Entropy Splitting for High-Order Numerical Simulation of Compressible Turbulence. Journal of Computational Physics, 2002, 178(2): 307 – 322.

[13] Sandham N D, Yao Y F, Lawa A A. Large-eddy simulation of transonic turbulent flow over a bump. International Journal of Heat and Fluid Flow, 2003, 24(4): 584 – 595.

[14] Smits A J, Dussauge J P. Turbulent shear layers in supersonic flow. American Institute of

Physics, 2006.

[15] Souverein L, Dupont P, Debiéve J F, et al. Unsteadiness characterization in a shock wave turbulent boundary layer interaction through dual-PIV. 38th Fluid Dynamics Conference and Exhibit, Seattle, 2008.

[16] Souverein L J, van Oudheusden B W, Scarano F, et al. Unsteadiness characterization in a shock wave turbulent boundary layer interaction through dual-PIV. 38th Fluid Dynamics Conference and Exhibit, Seattle, 2008.

[17] Souverein L J, Oudheusden B V, Scarano F, et al. Application of a dual-plane particle image velocimetry (dual − PIV) technique for the unsteadiness characterization of a shock wave turbulent boundary layer interaction. Measurement Science and Technology, 2009, 20 (7): 074003.

[18] Spalart P, Allmaras S. A One-equation turbulence model for aerodynamic flows. La Recherche Aérospatiale, 1994, 1: 5 − 21.

[19] Thompson K W. Time dependent boundary conditions for hyperbolic systems. Journal of Computational Physics, 1990, 89(2): 439 − 461.

[20] Touber E, Sandham N D. Large-eddy simulation of low-frequency unsteadiness in a turbulent shock-induced separation bubble. Theoretical and Computational Fluid Dynamics, 2009, 23 (2): 79 − 107.

[21] van Oudheusden B. Principles and application of velocimetry-based planar pressure imaging in compressible flows with shocks. Experiments in Fluids, 2008, 45(4): 657 − 674.

[22] Wilcox D, Wilcox. Reassessment of the scale-determining equation for advanced turbulence models[J]. AIAA Journal, 1988, 26(11): 1299 − 1301.

[23] Wilcox D. Turbulence modeling for CFD. DCW Industries, 2006.

[24] Yee H C, Sandham N D, Djomehri M J. Low-Dissipative High-Order Shock-Capturing Methods Using Characteristic-Based Filters. Journal of Computational Physics, 1999. 150: 199 − 238.

第9章

马赫数 2 流场中的斜激波/平板边界层干扰
Neil Sandham

9.1　简介

本章介绍 UFAST 项目中 ITAM 开展的斜激波/平板边界层干扰问题研究,包括实验研究、UAN 开展的 2D/3D(U)RANS 数值模拟研究、LMFA 开展的 3D(U)RANS 数值模拟研究和 SOTON 开展的 LES 数值模拟研究。本章将这四家参研单位的研究工作进行进一步总结,更系统地评估研究成果。

9.2　流场条件

ITAM 针对斜激波/平板边界层干扰问题开展了冲击波/湍流边界层相互作用(shock wave/turbulent boundary layer interaction,STBLI)研究。在 T-325 风洞中开展风洞实验(风洞照片见图 9.1 和图 9.2),由 7°或 8°楔块产生斜激波(激波发生器数模与照片见图 9.3 和图 9.4),来流马赫数为 2,基于自由来流速度 U_∞、动力黏性系数 μ_∞ 和干扰区上游处边界层位移厚度 δ^* 的雷诺数约为 10^4,流体总温为 288 K。

采用 DNS 方法和 LES 方法能够模拟低雷诺数条件下的激波/边界层干扰(SBLI)流场,在数值模拟中施加人工转捩手段,可以在较短的平板上实现湍流边界层。但是,在风洞实验中采用转捩装置实现湍流边界层可能存在一些困难,此外,小尺寸的平板边界层通常很薄,这会给流场测试技术引入更大的测量难度。因此,在项目开展了 18 个月后,项目组决定对平板尺寸进行修正,流场雷诺数约增大 30%(基于边界层位移厚度的雷诺数为 10^4)。

图 9.1　T‐325 风洞照片

图 9.2　T‐325 风洞照片

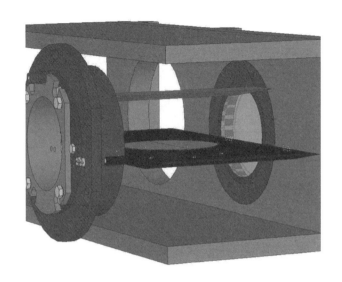

图 9.3　实验模型数模

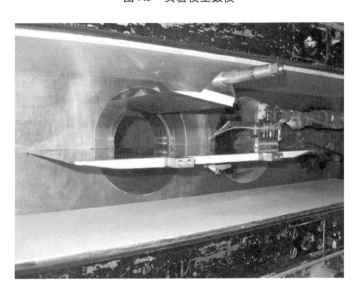

图 9.4　实验模型照片

对加长的平板和 8°楔角构型的激波/边界层干扰的研究结果表明,数值模拟预测的干扰区特征长度与实验结果之间存在较大差异,这可能是由于数值方法未能有效预测流场的三维效应。因此,将激波发生器楔角减小为 7°,以减弱入射激波的强度。所有的参研单位均对 7°楔角和加长平板构型的激波/边界层干扰开展了数值模拟研究,因此本章主要介绍该构型的相关结果。实验装置与主要流场参数见表9.1,实验段内的模型示意图见图9.5,取平板前缘为坐标系原点。

表9.1 7°楔激波发生器激波/边界层干扰流场参数

马赫数	楔角	位移边界层厚度雷诺数	总压/bar	总温/K	摩擦速度/(m/s)
2.0	7°	1.14×10^4	0.8	288	23.8

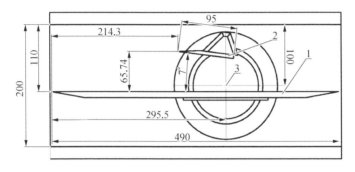

图9.5 实验段模型示意图(尺寸单位: mm)

1-平板模型;2-激波发生器;3-观察窗

各参数取 $x = 260$ mm 处的值,该处的边界层厚度、位移边界层厚度、动量边界层厚度分别为 4.3 mm、1.08 mm、0.33 mm。

干扰区流场的纹影结果见图9.6,由于纹影图像是沿光路积分的结果,拍到

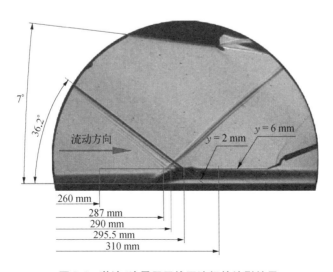

图9.6 激波/边界层干扰区流场的纹影结果

的波系结构都比较粗,也验证了该流场存在显著的三维效应的假设。平板上的油流显示结果见图 9.7,流场中心线附近的流动分离线呈平直状,再附线呈弯曲状,展向上约 70% 的区域可以看作二维流动区域,而在风洞侧壁附近的拐角流动则呈现出高度的三维特征。总的来说,可以认为中心截面附近的流场是二维的。

流动方向

图 9.7　激波/边界层干扰流场的油流显示结果

9.3　研究方法

本节介绍各参研单位的主要研究手段与方法。

1. ITAM

ITAM 应用自制的热线风速仪测量速度场,并开展了平板上平均压力分布、油流显示、高速纹影等实验研究。

2. UAN

UAN 使用其研发的求解器 FlowER 开展二维/三维(U)RANS 数值模拟研究。对于三维可压缩 RANS 方法,采用隐式时间推进格式及二阶有限体积法进行空间离散,且湍流模式为 $k-\omega-\mathrm{SST}$ 模式。关于 ENO 方法和限制器等的更多介绍可参见 UAN 的总结报告。

3. LMFA

LMFA 使用 ONERA 开发的 elsA 代码开展三维(U)RANS 数值模拟,三维可压缩 RANS 方程采用隐式一阶时间积分格式,采用二阶精确有限体积

法进行空间离散。代码使用 Roe 近似黎曼解算器,湍流模型为 Spalart –
Almaras 模型。关于 elsA 代码的更多介绍可参见 LMFA 的总结报告和 ONERA
网站。

4. SOTON

SOTON 使用 LES 方法开展数值模拟研究,采用四阶中心空间差分格式(空
间离散)和三阶显式 Runge – Kutta 格式(时间推进)求解三维可压缩 Navier –
Stokes 方程。此外,边界条件也采用四阶格式进行处理。该程序利用 Euler 项的
熵分裂和黏性项的拉普拉斯公式提高非耗散中心格式的稳定性。使用一个与
Ducros 探测器耦合的总差量不增(total variation diminishing, TVD)格式捕捉激
波,采用的亚格子模型是一种改进的时空混合模型,更多介绍可参见 SOTON 的
总结报告。

9.4　定常流动特征

本节介绍风洞实验和数值模拟的时间平均结果,来流边界层参数与特征见
图 9.8 和图 9.9,各参研单位预测的曲线总体趋势一致,但在近壁面附近的值存

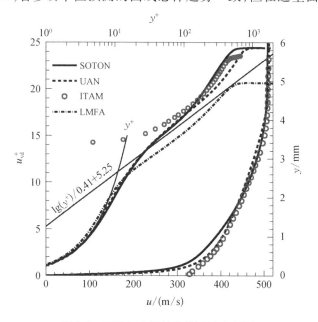

图 9.8　干扰区上游的边界层速度剖面

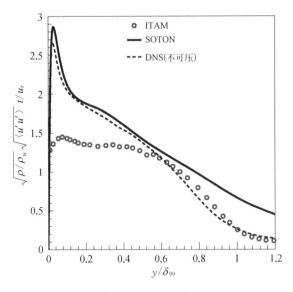

图 9.9　干扰区上游边界层内的速度脉动($x = 260\ \text{mm}$)

在比较显著的差异,原因之一可能是 RANS 方法对低雷诺数流场的预测结果不准确;此外,对于较薄的边界层,需要具有更高频的测量能力;第三点可能的原因是,对于 LES 方法,需要人为地设置三维非定常的来流条件,并需要 20 倍 δ 的距离来发展流场,因此基本不可能获得 $x = 260\ \text{mm}$ 处的摩擦系数和边界层位移厚度的准确结果。但是,图 9.8(左侧纵坐标对应对数横坐标,右侧纵坐标对应线性横坐标)中的结果表明各边界层均为湍流流态,且参数分布也总体相似。

使用热线风速仪和 LES 数值模拟得到的流向速度脉动均方根结果见图 9.9。其中,纵坐标使用 Morkovin 尺度进行无量纲,与 $Re_\theta = 1\ 410$ 流场的不可压缩 DNS 结果进行对比[8]。总的来说,由于热线风速仪对高频信号的捕捉能力不足,对近壁处速度脉动的测量结果与真实值存在较大差值。对此,ITAM 使用一种传递函数来改进其对高频信号的响应能力,图 9.9 给出的结果即为修正后的实验结果,尽管对近壁处的测量结果仍偏低,但对外层区域的测量值已很接近 DNS 结果。对于 LES 数值模拟结果,其对内层速度均方根的预测值基本与 DNS 结果一致,但对外层的预测结果偏高。文献[9]中,研究得到边界层外层区域的恢复速度比内层慢,而该数据点位于距离计算域入口位置不远处,边界层仍受入口条件的影响,因此若取更下游处的数据作对比分析,边界层外层区域的速度均方根分布应更接近 DNS 结果。此外,LES 计算域入口处产生了一道弱激波,噪

声水平为 $\sqrt{<p_w' p_w'>_t}/\tau_w \approx 5$，即人为地导致速度均方根值偏高。

壁面上的压力分布见图9.10，其中 p_1 为激波前压力，p_3 为激波后压力。各参研单位的数值结果均表明其预测的干扰区尺寸比实验结果偏小。从图中结果来看，有以下几个问题值得讨论。

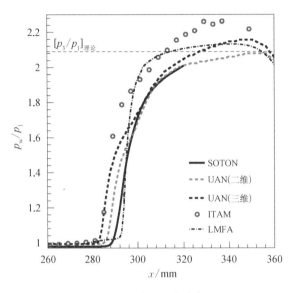

图 9.10 壁面压力分布

（1）干扰区长度与下游压力值密切相关，实验测得的压力峰值高于无黏理论值，即存在"过冲"现象，使得分离区向上游移动。对此，UAN 应用 RANS 方法开展了数值模拟研究，探讨不同侧壁边界层厚度对下壁面压力分布的影响见图9.11，其中曲线1为 $T_u = 0.1\%$、$\delta_{99}^{sw} = 10\,mm$；曲线2为 $T_u = 0.1\%$、$\delta_{99}^{sw} = 1\,mm$；曲线3为 $T_u = 0.1\%$（二维 RANS 结果）；曲线4为 $T_u = 5\%$、$\delta_{99}^{sw} = 10\,mm$；圆点为 ITAM 风洞实验测得的压力分布。结果表明，随着侧壁面边界层变厚，压力分布的"过冲"现象更显著，压力开始上升的"上游干扰"位置也向上游移动（即干扰长度增加）。图9.7中的油流显示结果显示，在入射激波的作用下，侧壁面和下壁面交界处形成拐角流动分离区，拐角流动区的结构见图9.12，从图中结果来看，随着侧壁面边界层厚度与下壁面边界层厚度之比增大，拐角流动的影响区域也增大。

（2）在 RANS 方法数值模拟过程中，自由来流湍流度的值对干扰区有显著影响，结果见图9.11和图9.12。UAN 应用三维 RANS 方法、k - ω - SST 模型开展数值模拟，来流湍流度为 0.1%；LMFA 应用三维 RANS 方法、Spalart - Almaras

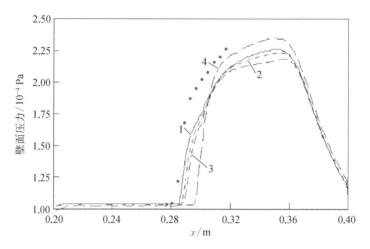

图 9.11　侧壁面边界层厚度对下壁面压力分布的影响(UAN 的 RANS 数值模拟结果)

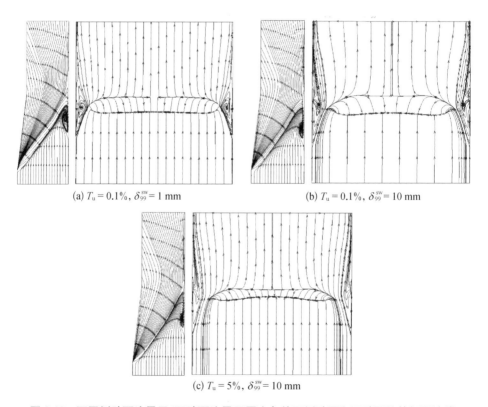

(a) $T_u = 0.1\%$, $\delta_{99}^{sw} = 1$ mm　　　　(b) $T_u = 0.1\%$, $\delta_{99}^{sw} = 10$ mm

(c) $T_u = 5\%$, $\delta_{99}^{sw} = 10$ mm

图 9.12　不同侧壁面边界层/下壁面边界层厚度条件下侧壁面和下壁面处的极限流线

模型开展数值模拟,来流湍流度为 1%,结果表明 LMFA 预测的干扰区尺寸更小,这可能是来流湍流度条件之间的差异导致的。然后,UAN 将来流湍流度设置为 5%,干扰区尺寸进一步减小。

(3)图 9.10 中,在干扰区的末段,在激波发生器诱发的膨胀扇的作用下,壁面压力开始降低,但由于 LES 方法未能捕捉到该膨胀扇结构(图 9.13 和图 9.14),其预测的压力分布不存在降低的趋势。此外,由于激波发生器前缘具有一个较小的钝度,实验中测得的斜激波入射点与理论上的入射点之间存在偏差,实际的入射点向上游偏移了 2.2 mm。

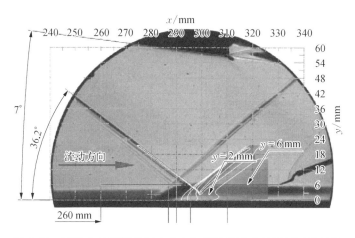

图 9.13　LES 方法预测的压力分布与风洞实验中的纹影显示结果

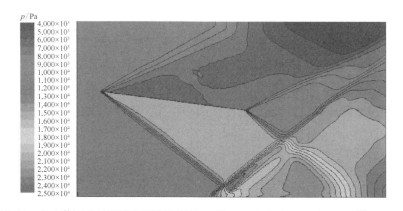

图 9.14　中心截面上的压力场云图(UAN,三维 RANS 方法,$T_u = 0.1\%$、$\delta_{99}^{sw} = 10$ mm)

干扰区长度和分离区长度结果见表 9.2,基于这两个物理量可以量化来流湍流度和侧壁边界层对激波/边界层干扰的影响:从 RANS 数值结果来看,来流湍流度越大,干扰区尺寸越小;侧壁边界层越薄,干扰区尺寸越小。基于 RANS 方法得到了来流湍流度和侧壁面边界层厚度对激波/边界层干扰的作用趋势,但是值得注意的是,对于这种具有显著三维效应的复杂流场,需谨慎评估 RANS 数值模拟结果的可靠性。

表 9.2   干扰区长度与分离区长度

项 目	ITAM	UAN							LMFA	SOTON
方 法	实验	二维 RANS	三维 RANS						三维 RANS	LES
边界层厚度	O(10)	—	1	5	10	10	10	10	3	
湍流度	O(0.1)	0.1	0.1	0.1	0.1	1.0	2.0	3.0	1.0	<1
分离区长度		16.0	17.9	19.8	20.7	19.8	16.0	8.5	4.1	9.3
干扰区长度	23									13.5

9.5   非定常流动特征

由于 URANS 方法的数值结果无法反映出流场的非定常流动特性,本小节主要介绍 HWA 实验结果和 LES 数值结果。激波低频振荡的特征频率比来流边界层特征频率(U_∞/δ)低两个量级,且其低频振荡本质上具有宽频特征,对其模拟的时间尺度需覆盖多个周期(超过 50 个周期)。因此,LES 方法在模拟激波/边界层干扰低频特性方面,目前仍存在能力上的不足。为了同时实现对湍流和低频非定常特性进行解析,LES 数值模拟必须覆盖 10^4 倍 U_∞/δ 量级的时间尺度,时间分辨率达 $10^{-3}\delta/U_\infty$,即需覆盖跨越 7 个量级的时间尺度。

在实际开展的 LES 数值模拟中,时间尺度上覆盖了约 20 ms(频率为 47 MHz),而风洞实验中,采用 HWA 测量的时间尺度约为 350 ms(频率为 0.75 MHz)。对于频率约为 500 Hz 的低频信号,LES 数据仅能覆盖约 10 个周期,因此 LES 对低频特性的模拟并未达到完全收敛,与实验结果进行对比分析时应保持怀疑态度。

反射激波位置处,由 HWA 和数值模拟得到的动量时序信号间的相关函数

分布 $R_{\rho u} = \overline{[\rho u]'(t_0)\,[\rho u]'(t_0 + \tau)} \,/\, \overline{[\rho u]'(t_0)\,[\rho u]'(t_0)}$ 见图 9.15（实验数据取与 LES 数据相同长度）。由于实验测得信号的时间尺度为 LES 结果的 17 倍，将实验结果分割成与 LES 结果相同长度的片段，图 9.15 展示了其中一段实验测量结果（图中 $R_{\rho u}$ 表示 ρu 的自相关函数，τ 表示自相关函数的时间变量）。从图 9.15 来看，实验测量信号与数值预测的时序信号具有相似的低频特征。

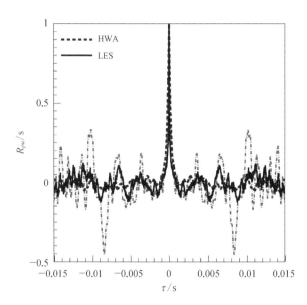

图 9.15　反射激波处实验与数值模拟预测的动量脉动之间的相关函数分布

对图 9.15 中的相关函数作傅里叶变换，结果见图 9.16，其中纵坐标为功率密度（PSD）分布。从功率谱密度结果来看，LES 数值模拟结果和实验测量结果中都含有显著的低频信号。随着信号采集时间增加，频谱分布中尖峰部分将减少，且呈现出越来越强的宽频特性。在 0.3 kHz 处，实验与数值模拟结果都呈现振荡特征；而 0.1 kHz 以下的频谱分布表明可能存在极低频的激波振荡，但由于频谱低频段特征结果的可靠性不高，无法得出任何有效的结论。

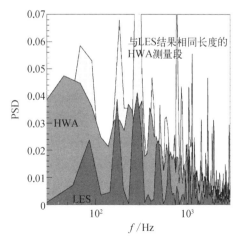

**图 9.16　反射激波处动量脉动的
功率谱密度分布**

图 9.17 说明流动分离具有间歇性(图中白线为平均流速为零的流线,点划线为反射激波脚位置)。时间平均后的流动分离泡比较"矮",但在某些时刻分离泡可能"长高"。LES 数值模拟结果表明,时间平均及展向空间平均后的流动分离区内的最大负速度约为自由来流速度的 0.7%,但瞬时最大负速度可达自由来流速度的 43%。此外,时间平均及展向空间平均后的流动分离区的长度/高度值约为 150,且分离区高度小于 10 个壁面单位。

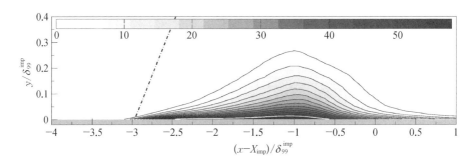

图 9.17　流场中出现流动分离的概率(单位:%)

关于激波低频振荡特征的起因目前仍无定论[1-7,9]。图 9.18 展示了沿流向方向壁面压力的自相关函数,图中所有展向的网格点数据都包含在内,因此相关函数也在展向上进行了平均。

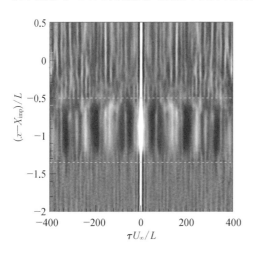

图 9.18　壁面压力自相关函数的流向分布

在使用截止频率为 $0.5U_\infty/L$ 的 6 阶低通 non-causal Butterworth 滤波器计算自相关函数之前,对信号进行了低通滤波。灰度在-0.1(黑色)～+0.1(白色)内呈线性分布,图中两虚线之间为出现明显低频运动的区域在激波脚平均位置与干扰区中间段之间出现了较大尺度的黑白条带结构,这表征了不同位置的压力信号之间存在较强的相关性,结果表明干扰区前半段的低频振荡特征非常显著,与实验结果一致。

图 9.18 中,干扰区上游不存在大尺寸条带结构,即低频特征只在干扰区内出现。为了量化分析这种低频特征,计算干扰区与上游流场之间的压力频谱分布变化,结果见图 9.19,其中 $\Delta E(f) = GI(f) - Gu(f)$。对图 9.18 中两条虚线之

间的区域上的预乘 PSD$[f×\mathrm{PSD}(f)]$进行积分,并由同一区域中的解析能量归一化得到 $GI(f)$。$Gu(f)$ 的计算方式与 $GI(f)$ 相同,不同之处在于积分是在 $(x - X_{\mathrm{imp}})/L = -2$ 到图 9.18 中第一条虚线的区域之外进行的,结果表明了每个频带在干扰区前段和上游边界层之间差异的贡献度,其目的是量化图 9.18 所示的差异的组成结果,表明在干扰区前半段存在 $St = fL/U_{\infty} = 0.03$ 的脉动量,与 ITAM 实验结果一致。

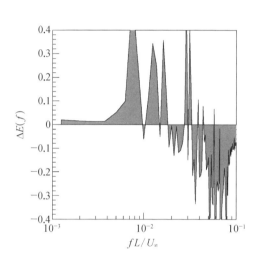

图 9.19　干扰区前半段与干扰区上游之间的壁面压力加权功率谱密度差值

图 9.20　壁面压力频率/流向波数图

进一步地,计算干扰区的频率/流向波数分布,结果见图 9.20(图中横坐标 $k_x L$ 表示无量纲流向波数),由两点相关函数的二维傅里叶变化得出,其中参考点取 $(x - X_{\mathrm{sep}})/L_{\mathrm{sep}} = 0.3$。云图表示对数尺度上的加权功率谱密度,并通过高频滤波使轮廓线更光滑。与图 9.18 类似,两点相关函数也在展向上取平均值,因此只考虑流向波数。黄线表示各声波的色散关系。对于正波数象限,实线对应于在上游势流中传播的声波($U_1 \pm c_1$)。负波数象限中还显示了壁面处向上游传播的声波($-c_{\mathrm{w}}$)。区域 2 和 3 的等效关系分别用点线和虚线表示,其中区域 2 是位于斜激波和反射激波之间的势流,而区域 3 是位于激波下游的势流。蓝色和白色粗实线表示上游传播速度为上游自由来流速度的 5%流场中存在向上游传播的压力波,其中包括传播速度较快的声波和波长更长、传播更慢的长波($u_{\mathrm{c}}/U_{\infty} \approx -0.05$,其中 u_{c} 表示对流速度)。在计算斯特劳哈尔数时,若将特征速度 U_{∞} 变为 u_{c},则斯特劳哈尔数的值约等于 1。选择 $(x - X_{\mathrm{sep}})/L_{\mathrm{sep}} \approx 0.3$ 作为

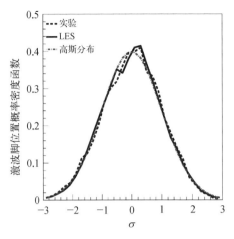

图 9.21　激波脚位置概率密度函数

参考点来计算相关函数,结果表明慢波来源于更下游的流场,从图 9.18 的结果来看,其起点很可能位于分离泡的三分之一处至中间位置之间;而传播速度较快的声波,可能是涡/激波或涡/壁面干扰引起的。

最后,图 9.21 比较了通过实验和 LES 数值模拟得到的激波脚运动特性(图中 σ 表示高斯分布的置信区间),实验中的激波位置是从高速纹影图像中提取的,而 LES 数值结果中的激波位置是基于速度散度分布得到的。对激波瞬时位置作线性拟合,求得激波脚位置的时间序列。风洞实验和数值模拟求得的激波脚位置的概率密度函数一致,且都符合正态分布。

9.6　结论

本章应用风洞实验和数值模拟的方法研究了 7° 楔块诱发的斜激波/平板湍流边界层干扰流场,来流马赫数为 2、雷诺数约为 10^4。数值模拟结果与实验结果之间存在较大差异,特别是数值模拟方法预测的干扰区尺寸比实验测得的结果小。

应用数值模拟方法研究了来流湍流度对流动分离区尺寸的影响。二维 RANS 和三维 RANS 数值模拟结果均表明:随着来流湍流度减小,分离点向上游移动,分离区尺寸增大,当来流湍流度从 3% 减小至 0.1% 时,分离区长度至少增大了一倍。

三维 RANS 数值模拟结果表明,风洞侧壁面与下壁面连接处形成了拐角流动,影响下壁面上的干扰区特征长度。此外,拐角流动对侧壁边界层厚度与下壁面边界层厚度之比非常敏感,侧壁面边界层厚度增大时使得分离泡尺寸增大。对于拐角流动的精确模拟,是对比风洞实验结果与数值模拟结果的关键因素,也是下一步开展数值模拟模拟研究时的重点。

关于激波/边界层干扰的非定常特性,风洞实验结果和 LES 方法数值模拟结果均表明激波存在低频振荡特征,其特征频率比来流边界层特征频率小两个数量级。LES 壁面压力相关性结果表明,这种低频振荡特性是激波/边界层干扰流场的固有特性。

　　LES 数值模拟结果表明,时间和空间平均的分离泡很"矮",其长度/高度比值大于 100,最大高度不超过来流边界层的过渡区。但是,在一些瞬态时间点上,流动分离区可能会变得很大,其最高负速度可能高达自由来流速度的一半。

　　实验和 LES 数值模拟获得的激波脚运动特性非常吻合,且遵循正态分布。但其时间平均的分布特征与 IUSTI 的实验结果之间存在显著差异,这也是后续重点研究的问题之一。

参考文献

[1]　Dupont P, Haddad C, Debiéve J F. Space and time organization in a shock-induced separated boundary layer. Journal of Fluid Mechanics, 2006, 559: 255–277.

[2]　Dussauge J P, Piponniau S. shock/boundary-layer interactions: possible sources of unsteadiness. Journal of Fluids and Structures, 2008, 24: 1166–1175.

[3]　Ganapathisubramani B, Clemens N T, Dolling D S.Effects of upstream boundary layer on the unsteadiness of shock-induced separation. Journal of Fluids and Structures, 2007, 585: 369–394.

[4]　Piponniau S, Dussauge J P, Debiéve J F, et al. A simple model for low-frequency unsteadiness in shock-induced separation. Journal of Fluid Mechanics, 2009, 629: 87–108.

[5]　Pirozzoli S, Grasso F. Direct numerical simulation of impinging shock wave/turbulent boundary layer interaction at $M=2.25$. Physics of Fluids, 2006, 18(6): 1–17.

[6]　Plotkin, Kenneth J. Shock wave oscillation driven by turbulent boundary-layer fluctuations. AIAA Journal, 1975, 13(8): 1036–1040.

[7]　Robinet J C. Bifurcations in shock-wave/laminar-boundary-layer interaction: global instability approach. Journal of Fluid Mechanics, 2007, 579: 85–112.

[8]　Spalart P R. Direct simulation of a turbulent boundary layer up to $Re_{\theta} = 1410$. Journal of Fluid Mechanics, 1988, 187(1): 61–98.

[9]　Touber E, Sandham N D. Large-eddy simulation of low-frequency unsteadiness in a turbulent shock-induced separation bubble. Theoretical and Computational Fluid Dynamics, 2009, 23(2): 79–107.

第 10 章

马赫数 2.25 流场中的斜激波/平板边界层干扰
Eric Garnier

10.1 简介

本章介绍 IUSTI 开展的斜激波/平板边界层干扰问题研究[1,2],这类激波/边界层干扰是超声速飞行器进气道中常见的气动问题。IUSTI 应用 RANS 方法、LES 方法等多种数值模拟方法研究了两种构型的激波/边界层干扰,并应用 RANS 和 DDES 方法探索了射流式涡流发生器(AJVG)对干扰流场的作用。共有六家单位参与了本项研究,分别是 IMFT、IUSTI、NUMECA、ONERA、SOTON 和 UAN。

10.2 流场参数与条件

10.2.1 基本组风洞实验流场

在 IUSTI 超声速风洞开展实验研究,喷管出口截面为矩形(高度为 120 mm,宽度为 170 mm),流场的名义马赫数为 2.3。在风洞上壁面安装一个尖楔作为激波发生器,在超声速流场中诱发形成一道斜激波,入射至下壁面平板边界层并发生反射,当气流偏转角大于或等于 8°时,边界层通常会发生分离,且反射激波具有低频振荡特性。干扰流场结构见图 10.1。

选择 9.5°激波发生器构型的激波/边界层干扰作为基本组风洞实验,流场滞止压力和滞止温度分别为 0.5 bar 和 300 K,干扰区上游($x = 240$ mm)边界层处于充分发展湍流状态,边界层厚度约为 11 mm,基于动量边界层厚度的雷诺数约为 5 000。

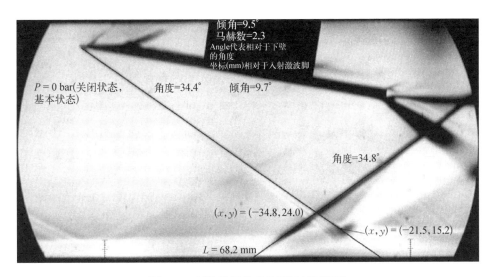

图 10.1　干扰流场结构（IUSTI 纹影图）

10.2.2　流动控制风洞实验流场

针对 9.5° 楔角的斜激波/平板边界层构型开展射流式涡流发生器影响的研究。在 $x = 212$ mm（干扰区上游约 6δ）处、10/17 展向宽度范围内,安装了十支射流式涡流发生器,每个喷口之间的距离为 10 mm,喷口与平板之间的倾斜度为 45°,喷口直径为 0.8 mm。所有喷口均与驻室相连,射流式涡流发生器装置示意图见图 10.2。驻室内滞止压力根据需要在 $p_0 = 0.05 \sim 0.5$ bar 范围内调节,其中 $p_0 = 0.05$ bar 对应“喷流系统”关闭的状态,驻室内的压力约等于当地静压值。由

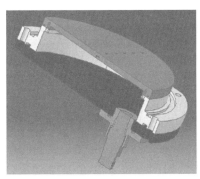

(a) 压力驻室

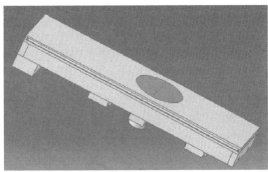

(b) 平板全局

图 10.2　射流式涡流发生器装置示意图

于喷口处未设置微型喷管,当驻室内滞止压力值较高时(大于 0.08 bar),射流速度为当地声速,射流式涡流发生器的流量约为边界层流量的 3%。

10.2.3　测试技术

在风洞实验前,移除拉瓦尔喷管收缩段内用于边界层强制转捩的机械式涡流发生器装置,以消除其尾迹流动对自由来流边界层特征的影响。在风洞实验中,应用 PIV 测量技术开展流场显示研究,对未施加流动控制的基本组流场,在流向中心截面处开展二分量的速度场测量;对施加流动控制的流场,在 $z = 0$、$z = -2.5$ mm 和 $z = -5$ mm 三个展向位置进行流场显示。将 PIV 实验结果与热线风速仪实验结果进行交叉检验,IUSTI 为 UFAST 项目提交了"PIV 2006"和"PIV 2007"两个基本组工况的实验结果,两组结果中测得的边界层动量厚度分别为 0.96 mm 和 0.87 mm,该差异可能是 PIV 示踪粒子播撒系统的升级引起的[2,8]。

10.3　重要的流动结构与特征

10.3.1　基本组风洞实验结果

8°尖楔和 9.5°尖楔诱发的激波/边界层干扰流场的平均流向速度和脉动流向速度分布见图 10.3,两个构型的流场中均发生了流动分离,但 9.5°尖楔流场中的流动分离区长度是 8°尖楔流场的两倍,其分离区的高度约为 $1/3\delta$。在分离泡上方生成剪切层结构,且剪切层内的湍动能增强。

对于 8°尖楔流场,在较厚的来流边界层条件下,干扰区长度增加了约 10%,分离泡高度增大了约 1 倍。对于 9.5°尖楔流场,来流边界层厚度的影响要弱得多,其对干扰区尺寸的影响小于 5%。

x-y 平面内的平均流向速度分布如图 10.4 所示,从图中可以看出,在该高度下,9.5°工况下的分离泡长度比 8°工况下大两倍。更重要的是,两种工况下的流动拓扑不同,9.5°工况下的反射激波轻微弯曲,且在分离区外缘存在涡旋结构,表现出强三维特征。8°工况下的分离则更趋向于二维状态,可能是侧壁的存在、激波/边界层干扰流场的内在不稳定性或侧壁对不稳定性的放大作用导致的。遗憾的是,PIV 测量技术无法测量近壁区域,但预期数值模拟可以用来帮助分析实验结果。

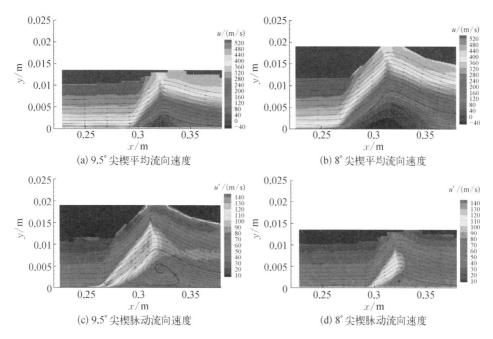

图 10.3　8°尖楔和 9.5°尖楔的平均流向速度和脉动流向速度分布

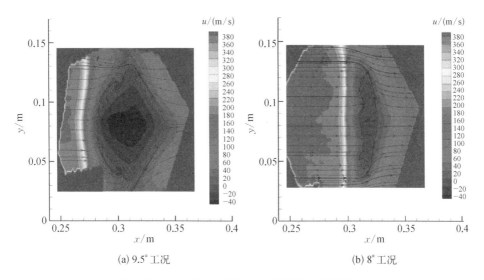

图 10.4　$z=0.6$ mm 平面内的平均流向速度分布

这类流动的另一个基本特征是反射激波的低频非定常性。在图 10.5 中可以观察到,反射激波平均位置附近发现数赫兹频率[x^* 的定义为 $x^* = (x - x_0)/L$,其中 x_0 是压力脉动最大值处,L 为干扰区特征长度],而在来流边界层中则没有观察到这样的低频,这表明流动的低频非定常特征是干扰区的内在特征,并与分离泡动力学特性有关。

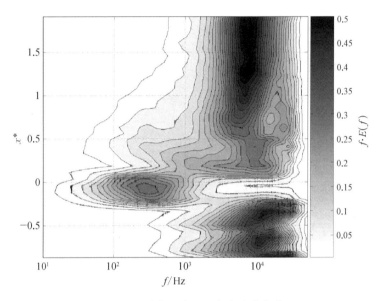

图 10.5   对称面壁面压力脉动功率谱

采用激波位置对流向速度进行条件平均,用分离泡高度对法向速度脉动作条件平均,结果见图 10.6,分离泡的收缩与反射激波向下游的运动有关,而分离泡的膨胀则与反射激波向上游的运动有关。

IUSTI 小组[8]在非定常特征理解方面取得了重大进展,该小组提出了一个模型,通过数个干扰参数估算非定常特征的频率:

$$S_l = \frac{fl}{u_1} = \Phi(M_c) g(r, s) \frac{l}{h}$$

脉动信号的斯特劳哈尔数取决于分离泡的长高比(l/h),描述分离泡上方剪切层扩张速率的对流马赫数函数 Φ,以及剪切层中速度和密度比的函数 g。

10.3.2   流动控制组风洞实验结果

ONERA 和 UAN 选择模拟 $p_0 = 0.4$ bar(1 bar = 0.1 MPa) 的工况。射流的静温为 240 K,静压为 21 000 Pa(风洞静压的 5 倍),此时射流处于欠膨胀状态。该条件下的 AJVG 效果最强,因此对其进行展示。

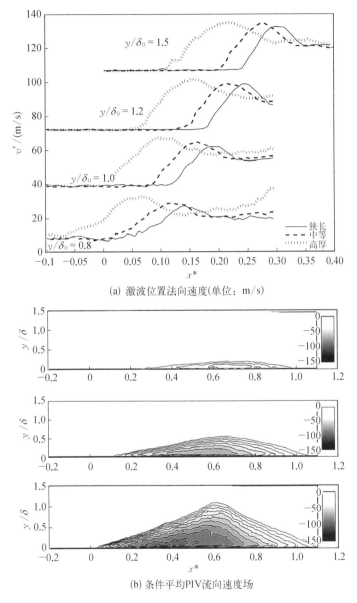

(a) 激波位置法向速度(单位：m/s)

(b) 条件平均PIV流向速度场

图 10.6　激波位置法向速度脉动及条件平均 PIV 流向速度场

图 10.7 给出了 $z = 1$ mm 平面的流向速度,从图中可以清楚地看到由于 AJVG 尾迹而产生的激波波纹,分离线上的波纹比激波线上更明显,再附位置则几乎不受 AJVG 尾迹的影响。总的来说,分离泡长度沿展向的波动约为平均值的 20%,因此 AJVG 的全局影响是有限的。此外,分离区的向下游的位移与流向

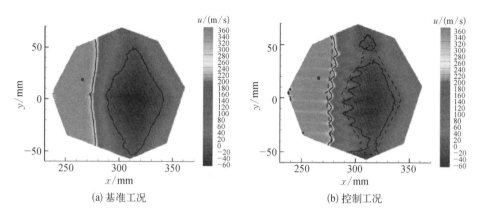

(a) 基准工况   (b) 控制工况

图 10.7 $z = 1$ **mm 平面的流向速度分布(IUSTI 的 PIV 结果,射流总压 = 0.4 bar)**

脉动的当地峰值有关。

从图 10.8(b)可以估算出射流的穿透长度约为 5 mm。在控制工况下,分离强度似乎弱于基准工况,但是 AJVG 对分离长度的影响有限。然而,IUSTI 证明,分离长度的略微增大也会导致反射激波运动频率的显著增加。

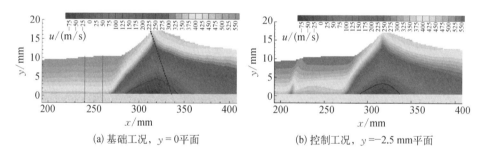

(a) 基础工况,$y = 0$ 平面   (b) 控制工况,$y = -2.5$ mm平面

图 10.8   **PIV 流向速度分布**

10.4   基本组数值模拟结果

10.4.1   数值模拟工作概述

表 10.1 介绍了 IUSTI 工况的数值模拟工作,大多数算例针对 9.5° 工况进行模拟,采用包括从 RANS 到 LES 的湍流模拟方法。表 10.2 提供了每个代码的简要说明。

表 10.1　IUSTI 工况的数值模拟工作

方　　法	研究单位	工况/(°)	备　　注
RANS	NUMECA	9.5	SA $k-\varepsilon$
	IMFT	9.5	SA
	UAN	8	$k-\omega$ SST
	UAN	9.5	$k-\omega$ SST
	ONERA	9.5	SA
URANS	NUMECA	9.5	SA
	IMFT	9.5	SA
	UAN	9.5	$k-\omega$ SST
DES	NUMECA	9.5	基于 SA 模型
	IMFT	9.5	基于 SA 模型
DDES	NUMECA	9.5	基于 SA 模型
	IMFT	9.5	基于 SA 模型
	ONERA	9.5	基于 SA 模型
SDES	ONERA	9.5	基于 SA 模型
LES	SOTON	8	不同的网格、模型和来流条件
	ONERA	9.5	展向 10 cm

表 10.2　代　码　说　明

研究单位	时间格式	空间格式	模　　型	备　　注
NUMECA	Runge Kutta+IRS	Jameson	SA、$k-\varepsilon$、SST、非线性四方程涡黏模型、DES－SA	多重网格
IMFT	DTS	Roe（van Leer 限制器）	SA、DES、OES	

（续表）

研究单位	时间格式	空间格式	模　型	备　注
UAN	Implicit O(2)	ENO Godunov O(2)	$k-\omega$ SST	湍流模型的 可实现条件
SOTON	RK3	Centered O(4)+TVD filter	MTS、 Dyn.	入口条件数 字滤波
ONERA	Implicit O(2)	Roe, O(2)+ TVD filter	MSM、SA、基于 SA 模型的 xDES	入口条件合 成涡方法

10.4.2　9.5°楔角算例

1. RANS 结果

图 10.9 展示了 RANS 流场的拓扑，其中棕色为 $u=0$ 等值面，由压力等值线确定入射激波位置；蓝色为 $P=5\,500\text{Pa}$ 等值面；黑色为激波发生器棕色等值面。结果表明，主分离区仅占整个风洞展向的 60% 左右。干扰还会导致拐角发生流动分离，在主分离区和拐角结构之间，流动加速，没有出现分离。

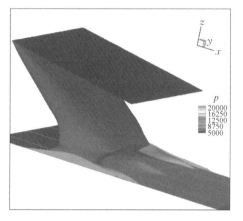

图 10.9　入射激波干扰流动拓扑（单位：Pa）

比较图 10.10 和图 10.11 中 NUMECA 采用 SA 和 $k-\varepsilon$ 模型得到的计算结

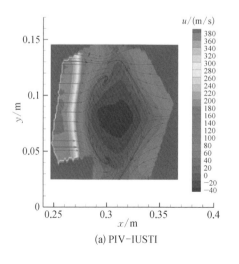

(a) PIV-IUSTI

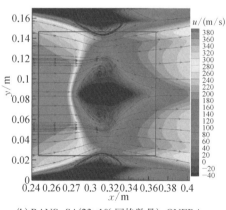

(b) RANS-SA(23×10⁶ 网格数量)-ONERA

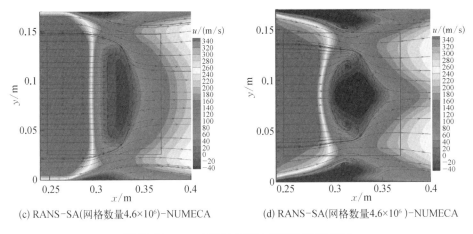

(c) RANS-SA(网格数量4.6×10⁶)-NUMECA　　　　(d) RANS-SA(网格数量4.6×10⁶)-NUMECA

图 10.10　*x*－*y* 平面内的流向速度和流线分布

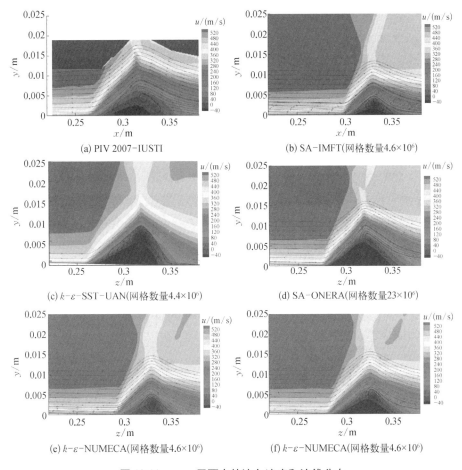

(a) PIV 2007-IUSTI

(b) SA-IMFT(网格数量4.6×10⁶)

(c) *k*-*ε*-SST-UAN(网格数量4.4×10⁶)

(d) SA-ONERA(网格数量23×10⁶)

(e) *k*-*ε*-NUMECA(网格数量4.6×10⁶)

(f) *k*-*ε*-NUMECA(网格数量4.6×10⁶)

图 10.11　*x*－*z* 平面内的流向速度和流线分布

果,可以清楚地看出大拐角涡和厚分离泡之间存在一定联系。IMFT 和 NUMECA 采用了相同的网格数量和湍流模型,却得到了明显不同的结果,表明空间离散和模型实现问题不容忽视。总的来说,NUMECA 采用 SA 模型得到的计算结果在各个数值要素(网格、模型、数值耗散)之间找到了更好的平衡。

从上述结论可以看出,二维 RANS 计算不可能提供准确的结果。事实上,采用二维 RANS 得到的分离长度为 35 mm,而三维 RANS 得到的结果则为 60 mm,有力地证实了该结论。实验中没有直接测量分离长度,但其值应该接近干扰长度 71 mm。因此,在进行 9.5°工况下的模拟时必须使用三维构型,这也解释了为什么由 ONERA 开展的 10 cm 周期切片 LES 不能成功地复现干扰区拓扑。

图 10.10 定量比较了 $x - y$ 平面内的流向速度和流线,表明计算结果对湍流模型非常敏感,其中 SA 模型的结果更好。拐角流动的模拟是该类干扰流场模拟中的关键,即使在不可压流场中也是一个值得研究的问题。较大的拐角流动与较强的反射激波弯曲有关,反过来又可能加强干扰并引起主分离泡长度的增大。基于此,假设位于分离泡中的涡是由拐角的法向涡引起的。NUMECA 和 ONERA 的 SA 模型计算结果表明,采用较粗网格给出的结果更接近于实验,但是其代码的空间离散和湍流模型实现并不相同。此外,仅在 ONERA 的计算中考虑了激波发生器与侧壁之间的间隙。

2. 非定常计算结果

尽管在流动整体拓扑结构上的大部分差异是对拐角流动的模拟误差导致的,但需要指出的是,RANS 方法本质上为一种定常方法,无法再现激波运动导致的光滑的压力梯度。此外,从应用的角度来看,流动的非定常性会导致剧烈的脉动,可能造成不利影响,如对喷气式发动机的压缩机产生的有害后果。而这些脉动信息只能通过非定常计算获得,因此在 9.5°工况下评估了 URANS、DES、DDES 和 SDES 方法的能力。

对于 URANS 方法,NUMECA 和 IMFT 采用 SA 模型,UAN 采用 $k - \omega - \text{SST}$ 模型获得的计算结果都是定常的,表明这种流动不足以在 URANS 方法中引发非定常现象。

NUMECA 和 IMFT 采用了与 RANS 方法相同的网格数量(4.6×10^6 个)对最初的 DES97 方法进行了评估。局部网格足够精细以触发 DES 方法中向 LES 模式的切换,但由于模化雷诺应力没有被解析应力代替,此处模拟的流场趋向于层流,并给出了非物理解,这种现象称为模化应力不足(modelled stress depletion,MSD)。DDES[9] 是为避免 MSD 而开发的新方法,随后,NUMECA、IMFT 和

ONERA 均开展了相关模拟。ONERA 网格比 NUMECA 和 IMFT 的网格更密（分别为 $23×10^6$ 和 $4.6×10^6$ ），模拟结果表现出不同的行为。在较粗的网格中，DDES 保持定常并向 RANS 解收敛；在较细的网格上，模拟仅在拐角处切换到 LES 模式，主分离区保持定常解。ONERA 强制使用 RANS 模式模拟拐角流动，导致在主分离区中，DDES 向 LES 模式切换，但由于 RANS 方法对拐角流动的处理不正

确，模拟结果仍然存在问题。对 DDES[14] 的改进方法也进行了测试，尽管计算的初始阶段似乎有较好的趋势，但计算最终还是收敛到 RANS 解。因此，可以得出结论，需要在 DDES 中针对 RANS 模式对网格专门进行优化，并且由于在主分离和拐角流中，流动的不稳定性不足以产生非定常的 LES 成分，建议与 LES 一样在计算域的入口处引入湍流脉动[10,12]，这种方法称为 SDES，这里选择的产生来流湍流的技术是合成涡流法（SEM）[5,6]。图 10.12 清楚地

图 10.12　流场图像（用流向速度对 Q 等值面进行着色）

表明在边界层高度上的计算域入口引入了 LES 成分（解析涡），但侧壁边界层依然处于 RANS 模式下，其中紫色为压力等值面表示入射激波。

从图 10.13 中可以看出，即使 SDES 结果比同一网格中的 RANS 计算结果有

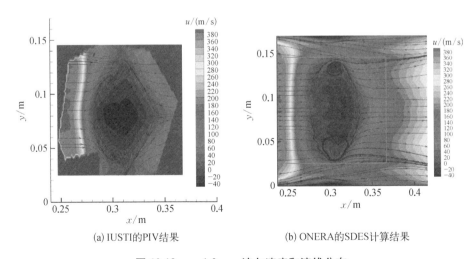

(a) IUSTI的PIV结果　　　　　　　　(b) ONERA的SDES计算结果

图 10.13　$z=1.2$ mm 流向速度和流线分布

了一些改进(图 10.10),但该工况下的拐角流范围仍然较小,可能是由于在入口处对侧壁采取了 RANS 处理。

　　SDES 和 PIV 结果之间在对称面上的一致性一般要更好一些(图 10.14)。但 SDES 预测的分离泡长高比大于实验结果,根据文献[8]中提出的模型,这会导致反射激波运动频率的增大。

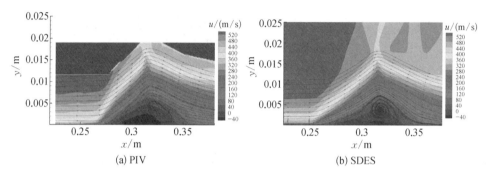

图 10.14　对称面上流向速度分布

　　尽管这些 SDES 仿真的结果并不完美,但它是 9.5°工况下唯一一个考虑了全部几何外形的非定常计算结果。对非定常数据进行了一些分析工作,希望能对实验结果起到有益的补充作用。

　　图 10.15 给出了壁面压力脉动云图和流线拓扑。在干扰区上游,由边界层湍流引起的脉动相对较弱。在 $x = 0.25$ m 处可以观察到局部最大压力脉动值,在实验中认为此处是干扰区起始位置。全局的最大压力脉动值位于拐角处及干扰

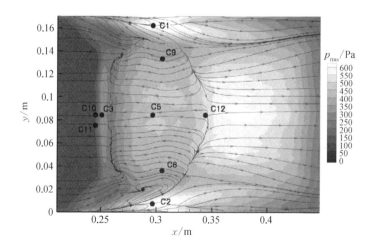

图 10.15　壁面压力脉动云图和流线

区下游,与在分离泡上方剪切层中产生的 Kelvin-Helmholtz 涡有关。更一般地说,这些结果表明强度最高的非定常运动位于拐角流中,必须研究这些拐角流与主分离区之间可能存在的统计联系。

图 10.16 展示了壁面压力脉动的加权功率谱密度沿流向的演变情况,将其乘以频率并通过信号方差进行归一化,选择 200 Hz 的频率分辨率降低由于信号持续时间短(仅 80 ms)引起的统计误差。从图中可以看到,来流边界层中存在非常高频率的脉动($x^* < -0.05$)。而在 $-0.05 < x^* < 0.15$ 的范围内,能量集中在一个非常低的频段,峰值为 300~500 Hz,而在实验压力谱图中发现的峰值为 200 Hz。根据干扰区长度计算低频运动的 St,那么计算中获得的频率峰值要更高。根据 IUSTI 模型[8],该频率取决于分离泡的长高比,在较大的长高比下会得到较高的频率。

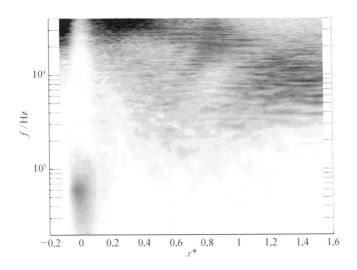

图 10.16　壁面压力脉动的加权功率谱密度

在 $0.4 < x^* < 0.8$ 时,频谱是宽带的。$x^* > 0.8$ 时,能量集中在 3~10 kHz,与实验结果一致。该频率对应于分离泡上方剪切层中形成的大型 Kelvin-Helmholtz 涡结构。

通过计算可以得到全流场中压力脉动的频率分量。对于 $y < 0.085$ m 的半平面,低于 1 000 Hz 的频率对总脉动的贡献如图 10.17 所示。在反射激波振荡的间歇区内,低频占总能量的 70% 以上;而在分离区中,仅占 20%,与实验结果[7]一致。此外,拐角剪切层中低频含量略高(30%)。

对监测点信号进行统计分析,监测点位置如图 10.15 所示。结果显示 C1 和

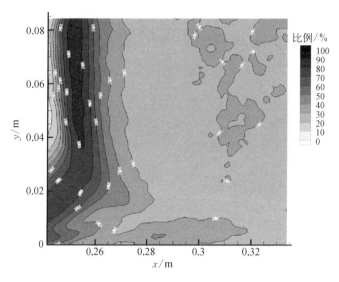

图 10.17　*y*<0.085 m 半平面内 80~100 Hz 压力脉动占总脉动能量的比例

C2、C8 和 C9、C5 和 C8、C1 和 C3 之间无显著相关性,表明在大于 200 Hz 的频率下,拐角流和分离流均与反射的激波运动统计无关。由于信号持续时间较短,降低频率分辨率的下限会增加相干评估的误差,低频下的相干性仍有待研究。在 C3 和 C10 之间存在很强的联系,最低频率的相干值达到 0.8,两个信号之间的相位差接近于零,表明存在反射激波的系综运动。

分离区起点(C3)和再附点(C12)之间存在明显的联系(相关性为 0.6)。在低频范围内,两个信号之间的相位差恒为 π,表明了负相关特性。Dupont 等已经通过实验观察到了这一点[7],并得出结论,除了占据主导地位的输运现象外,流场还存在全场行为。

10.4.3　8°楔角算例

1. RANS 结果

如图 10.18 所示,其中棕色为 $u = 0$ 等值面;蓝色为 $p = 5\,500$ Pa 等值面;黑色为激波发生器(8°工况,UAN 的 $k-\omega-$SST 模型 RANS 计算结果),流动从一个侧壁分离,流向另一个侧壁,等值面 $u = 0$(棕色)将拐角流动和中心分离区连接起来。

在图 10.19 中可以观察到,$k-\omega-$SST 计算的拐角流动偏大。尽管对流动拓扑的预测还存在不足,但 UAN 的计算获得了较好的对称平面内的壁面压力分布。

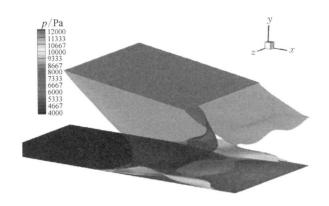

图 10.18　入射激波干扰流动拓扑

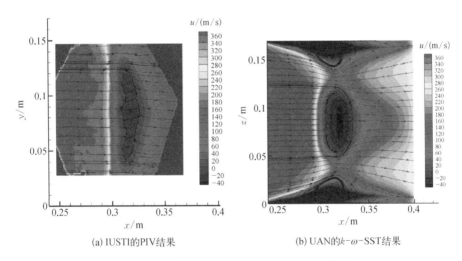

(a) IUSTI的PIV结果　　　　　　　　(b) UAN的 k-ω-SST结果

图 10.19　法向平面内的流向速度和流线分布

2. LES 结果

SOTON 针对 8°楔角构型进行了大量 LES 计算,假设流动是二维的,在展向上使用周期性条件,讨论计算域展向宽度的选择、亚格子模型、网格分辨率和来流条件等问题,结果见文献[11]。最后,采用分辨率为 40×1.6×13.5 壁面单位的网格,应用优于合成湍流的数字滤波器方法[13],选择混合时间尺度模型代替动态模型。对于小展宽计算域($0.7\delta_0$),可以开展较长时间的计算以收集统计信息;对大展宽计算域($7\delta_0$,网格数量为 $10×10^7$),可以评估有限展宽对结果的影响。

图 10.20 所示的 x-y 平面速度脉动结果证实了典型边界层中存在低速和高速条纹。分离后(第一条虚线),沿展向的湍流结构尺寸显著增大,并且在下游向典型状态缓慢恢复。图 10.20 表明,该模拟能够捕捉到超声速边界层中的

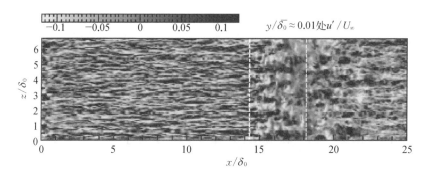

图 10.20 x-y 平面速度脉动

大多数精细湍流结构。

除分离区外,对称面上的实验与数值模拟的流向速度吻合较好,见图 10.21。然而,必须指出的是,干扰流场对来流扰动的条件非常敏感,2006 年与 2007 年的实

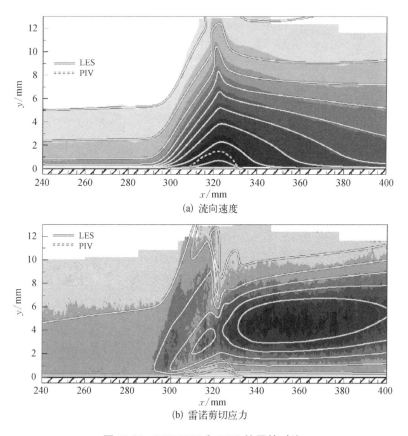

(a) 流向速度

(b) 雷诺剪切应力

图 10.21 PIV 2007 和 LES 结果的对比

验数据有所不同。此外,数值模拟预测的雷诺剪切应力,与实验结果较一致。

　　对于大展宽和小展宽计算域开展模拟,湍流谱展向分布的流向演变如图 10.22 所示。在分离区内,大展宽计算中的大部分能量集中于小波数区间;而在小展宽计算中,有限展宽引起的截止波数过大,迫使能量集中于更小的尺度上。

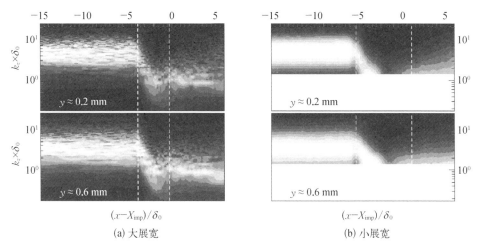

(a) 大展宽　　　　　　　　　　　(b) 小展宽

图 10.22　不同法向位置处湍能谱展向分布的流向演变

　　在图 10.23 中可以清晰地看到反射激波的低频运动,该计算对超过 90 个周期的最具能量的低频振荡进行了平均,计算获得的功率谱密度峰值频率位于

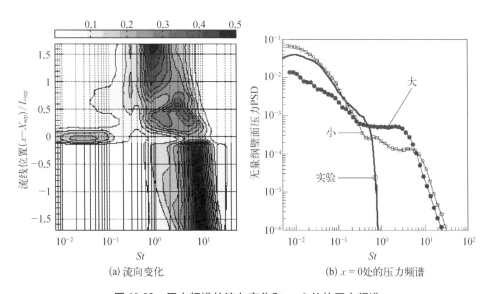

(a) 流向变化　　　　　　　　　　(b) $x = 0$ 处的压力频谱

图 10.23　压力频谱的流向变化和 $x = 0$ 处的压力频谱

$St = 0.03$ 处($St = fL_{sep}/U_\infty$)与实验结果一致,小展宽计算与实验结果在能量分布上的一致性很好。与以往的此类研究相比,这是一个重大进展。

分析 $x^* = -0.2$ 处的参考点与分离区(壁面上)内的其他点之间的互相关,获得信号传播的相位信息。图 10.24 表明,两个不同的低频($St = 0.036$ 和 $St = 0.054$)成分在 $x^* = 0.3$ 附近相位突然发生改变,出现了 π 的增量,详见文献[11]。

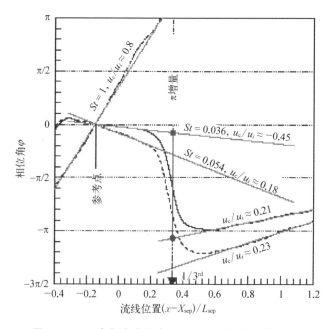

图 10.24　三个频率成分在 $x^* = -0.2$ 处的相位差变化

10.5　控制组数值模拟结果

UAN 和 ONERA 开展了流动控制的数值模拟。实验中,喷孔形状为椭圆形,截面尺寸为 1.4 mm×1 mm。而在这两种计算中,由壁面边界条件模拟射流。UAN 计算中,专门对网格进行了优化,在 AJVG 位置,最细网格($6.2×10^6$ 个点)中的一个网格单元表示 $1.7×1.2$ mm² 的表面。而 ONERA 计算($18×10^6$ 个点)中没有进行特定的网格自适应,一个单元表示 0.7 mm×0.7 mm 的表面。可以预测,在这两种计算中,漩涡的产生机制将受到喷流附近边缘分辨率的影响。ONERA 采用了与无控制工况相同的 SDES 技术,而 UAN 采用了相同的基于 k-ω-SST 模型的 RANS 方法。

　　在图 10.25(a)所示的 SDES 平均场上,每个 AJVG 都会产生一个逆时针旋转的主旋涡,同时也存在迅速消散的较小尺寸的二次涡。与图 10.25(b)所示的 PIV 数据完全一致。图 10.25 中,采用流向涡量对 Q 等值面进行着色;对称面采用流向速度进行着色;紫色为表征激波位置的压力等值面;黄色为 $u = 0$ 等值面。此外,在每个 AJVG 上游都出现了马蹄涡,它们相互连接,但这可能是由于喷口边缘分辨率不足引起的。在分离区中,一些 AJVG 主旋涡之间会产生附加的流向涡,这些流向涡沿着分离泡上边界发展。

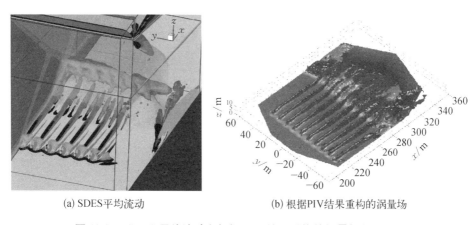

(a) SDES平均流动　　　　　　　(b) 根据PIV结果重构的涡量场

图 10.25　SDES 平均流动和根据 PIV 结果重构的涡量场(IUSTI)

　　如图 10.26 所示,AJVG 的尾迹使分离泡的上游呈波纹状。在激波上游,SDES 情形下的速度降低比实验中更大;而在 UAN‐RANS 计算中,则出现相反的情况,这可能与分辨率不足或和 $k‐\omega‐$SST 模型的耗散过大有关。因此,在 UAN 算例中没有观察到明显的 AJVG 效应,而在 SDES 中,尽管展向分辨率较低,但它们的影响往往会被高估。

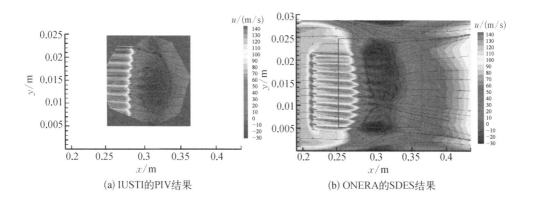

(a) IUSTI的PIV结果　　　　　　　(b) ONERA的SDES结果

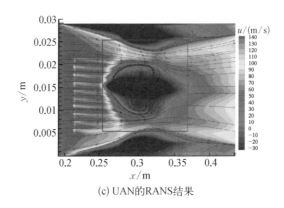

(c) UAN的RANS结果

图 10.26　x-y 平面流向速度

图 10.27 给出了对称面上流向速度的对比,结果表明通过 SDES 计算可以正确预测 AJVG 的穿透长度,但高估了喷口下游的速度减小量。

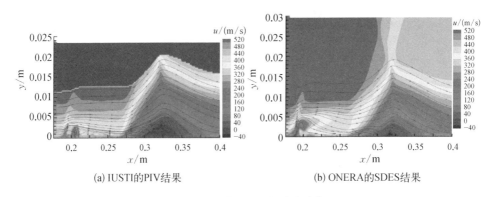

(a) IUSTI的PIV结果　　　　　　　　　　　(b) ONERA的SDES结果

图 10.27　对称面流向速度分布

10.6　结论

本章中的实验是激波/边界层干扰中较可靠的实验之一,提供了大量的实验和数值数据。由于该流动对来流条件非常敏感(至少对于 8°楔角工况下的小分离流场而言),并且在大分离工况下会受到拐角流动影响,很难进行实验与计算之间的比较。

每个参研单位的 RANS 解存在显著差异,因此必须开展网格分辨率、模型、数值耗散等关键因素的敏感性研究。干扰流场中的激波非定常性和显著存在的拐角流动对 RANS 提出了双重挑战。在本章中只应用了简单的湍流模型封闭方式,而更高级的模型(如 RSM 类型)可能会对结果有所改进。

由于流动的非定常性弱、分辨率不足等,URANS、DES 和 DDES 方法均未能再现流动的非定常特征。因此,应用受激 DES 方法开展数值模拟研究,并对非定常数据进行分析。结果表明,即使拐角流受到低频运动的影响,但低频运动似乎与反射激波无关。如果计算域在展向上足够大,则最可靠的方法是 LES,但受计算机能力的限制,只能在应用在二维和 8°楔角工况下。这种方法可以深入研究激波/边界层干扰的物理机制,并获取许多实验中无法获得的信息。而在雷诺数相当低的 IUSTI 工况下,全风洞构型的 LES 计算可以在不久的将来实现。本项目在对该类流动的物理理解上最重要的进步是 IUSTI 提出的激波非定常模型。

IUSTI 的研究是少有的激波/边界层与 AJVG 相互作用的实验之一(也许是唯一的)。即使从应用的角度来看,AJVG 对分离泡的影响有限,但它也可以用来研究分离泡对不同来流条件的响应。AJVG 的模拟应当更加精细,也对 UFAST 提出了具有挑战性的网格问题。在保持合理网格数量的前提下,提高局部分辨率的一种可能的方法是 Chimera 方法。

参考文献

[1] Souverein L J, Debiéve J F, Dupont P, et al. Control of an incident shock wave/turbulent boundary layer interaction at $M = 2.3$ by means of air jet vortex generator.UFAST deliverable 3.3.3, 2008.

[2] Dussauge J P, Debiéve J F, Dupont P, et al. Report on the measurements of shock reflection at $M = 2.25$. UFAST project D. 2.3.4, 2007.

[3] Spalart P R, Allmaras S R. A one equation turbulence model for aerodynamic flows. AIAA Paper 92－0439, 1992.

[4] DeckS, Weiss P E, Pamies M, et al. On the use of stimulated detached eddy simulation for spatially developing boundary layers. Heidelberg: Springer, 2008.

[5] Jarrin N, Benhamadouche S, Laurence D, et al. Asynthetic eddy method for generating inflow conditions for large eddy simulations. International Journal of Heat and Fluid Flow, 2006, 27(4): 421－430.

[6] Pamies M, Weiss P E, Garnier E, et al.A generation of synthetic turbulent inflow data for large-eddy simulation. Physics of Fluids, 2009, 21: 045103.

[7] Dupont P, Haddad C, Debiéve J F. Space and time organization in a shock-induced separated boundary layer. Jornal of Fluid Mechanics, 2006, 559: 255－277.

[8] Piponniau S, Dussauge J P, Debiéve J F, et al. A simple model for low frequency unsteadiness in shock induced separation. Jornal of Fluid Mechanics, 2009, 629: 87 - 108.

[9] Spalart P R, Deck S, Shur M L, et al.A new version of detached-eddy simulation, resistant to ambiguous grid densities. Theoretical and Computational Fluid Dynamics, 2006, 20(3): 181 - 195.

[10] Garnier E. Stimulated detached eddy simulation of three-dimensional shock/boundary layer interaction. Shock Waves, 2009, 19: 479 - 486.

[11] Touber E, Sandham N D. LES of low-frequency unsteadiness in a turbulent shock-induced separation bubble. Theoretical and Computational Fluid Dynamics, 2009, 23: 79 - 107.

[12] Garnier E. UFAST deliverable 5.3.1 LES/DES of the IUSTI shock/reflection case, RT 1/ 10261 DAFE/DAAP, 2008.

[13] Klein M, Sadiki A, Janicka J. A digital filter based generation of inflow data for spatially developing direct numerical or large eddy simulations. Jornal of Computational Physics, 2003, 186: 652 - 665.

[14] Riou J, Garnier E, Deck S, et al. An improvement of delayed detached eddy simulation applied to a separated flow over a missile fin. AIAA Journal, 2009, 47(2): 345 - 360.

Part IV

总　结

第 11 章

WP-2 实验研究总结

11.1 简介

WP-2 实验有三项研究目标：一是通过开展精细化实验获取高质量的实验结果，为校验、优化数值模拟方法提供有效数据；二是设计基础组实验并开展研究，在此基础上探索流动控制方法，以及评价流动控制方法的作用效果；三是通过开展流动机理研究，加深对激波/边界层干扰及非定常特性的理解。下面简要介绍 WP-2 实验研究的完成情况、结果及经验等。

11.2 主要结果

INCAS、Bucharest、IoA 和 Warsaw 针对跨声速流场中的激波/边界层干扰开展实验研究并得到了一系列高质量的实验数据。INCAS 针对双圆弧翼型上的激波/边界层干扰问题开展系统研究，并应用风洞实验与数值模拟结合的手段分析了模型支撑机构对流场的影响。IoA 针对带副翼的 NACA12 翼型开展实验研究，实验结果证实了翼型的周期性转动对非定常流动具有控制作用。QUB 针对圆弧形突起壁面处的跨声速激波/湍流边界层干扰开展了实验研究，结果表明流体性质、流体湿度等参数均对干扰流场存在显著作用。总的来说，上述研究都支持一项结论：在一定条件下，激波/边界层干扰的非定常性与流动分离密切相关。

ONERA 和 UCAM 均对壁面突起构型处开展了正激波/边界层干扰的受迫激波振荡研究，在一阶近似下，可以从准稳态的角度描述平面激波的主要特性，但流动分离区等局部特征不遵循准稳态模式。此外,拐角处流动对干扰流场的影响极其重要,在某些条件下可能影响整个流场。

IMP 对自然(非受迫)条件下平面壁面管道和弯曲流道中的激波/边界层干扰流场开展了实验研究。在平面壁面管道中,随着马赫数变化,激波振荡的频率呈现出非单调变化的趋势;在弯曲流道中,凸起壁面处的边界层速度剖面更饱满,流动分离区更小,且激波的非定常特性更弱。对激波运动特征的频谱分析结果表明,非受迫条件下的激波振荡与流动分离区之间存在密切的联系。

在 $Ma = 1.7$、$Re_\theta = 50\,000$ 的流场中,TUD 针对 6°楔角激波发生器的斜激波-平板边界层干扰构型开展了研究,结果表明时间平均的流场中未发生流动分离,但某些瞬时时刻,流场中存在局部的流动分离,分离区上方生成大尺度的 Kelvin-Helmholtz 旋涡结构。结果表明,激波振荡与分离泡的膨胀/收缩过程之间不存在关联,即在时均不分离的流场中,激波振荡特性主要决定于上游来流条件。

在 $Ma = 2.0$、$Re_\theta = 5\,000$ 的流场中,ITAM 针对 6°、7°楔角激波发生器的斜激波-平板边界层干扰构型开展了实验研究,应用热线风速仪和热膜技术获得速度分布等参数,结果表明,在较低雷诺数流场与高雷诺数流场中,激波振荡的主频基本一致,且反射激波脚的脉动特性与分离区的非定常特性是异相的。对自由来流、反射激波及流动分离区处的测量及分析结果表明,自由来流的湍流边界层与激波振荡之间存在一定的关系,但相关系数较低(约为 0.1)。从 ITAM 的实验结果来看,基于干扰长度和自由来流速度斯特哈尔数为 0.03,与其他文献中的结论一致。

在 $Ma = 2.25$、$Re_\theta = 3\,000$ 的流场中,IUSTI 针对 8°、9.5°楔角激波发生器的斜激波-平板边界层干扰构型开展了实验研究,应用热线风速仪、脉动压力传感器等测试技术得到了中心对称面速度分布、壁面脉动压力分布等结果。激波振荡的无量纲主频约为 0.03,且在 $Ma>2$ 的流场条件下,斯特劳哈尔数基本不随马赫数的增大而改变。此外,提出了一种激波低频振荡与分离区上方剪切层周期性发展紧密相关的物理模型,详见下一节。

11.3　总结和待解决的问题

对于流道中的激波/边界层干扰流场,拐角处流动的影响是非常显著的。此外,采用准定常方法开展数值模拟时,难以准确预测局部干扰流场及非定常特性。

　　针对超声速流场中的斜激波-平板边界层构型、平板-压缩拐角构型及钝楔构型诱发的激波振荡特性进行总结分析,认为激波的大尺度、低频振荡特征是由分离区的膨胀/收缩过程引起的。对流动分离区内的流体应用质量守恒定律,推导得出激波振荡的主频与剪切层的发展速率之间的关系,这与 QUB 和 ITAM 的研究结论一致。对于湍流边界层,激波振荡的主频与流场雷诺数无关,只取决于流场中是否发生流动分离。

　　基于上述结论与分析,探讨引起激波非定常振荡的成因,总结如下(表 11.1)。

表 11.1　激波非定常振荡成因

流　动	现　象	频　率	归一化频率	量　级
跨声速干扰	声耦合	$(a_2 - u_2)/l$	$\dfrac{\delta}{l}\Phi(Ma - 1)$	$<10^{-2}$
分离超声速	质量守恒	$\dfrac{u_\infty}{h}F(M_c)g(r, s)$	$\dfrac{d}{h}F(M_c)g(r, s)$	$<10^{-1}$
无分离	涡对流	u_∞/d	1	1

　　引起激波非定常振荡的成因主要有三类,一是自由来流湍流边界层,流场中未发生流动分离时,流场中的主频为边界层中大涡结构的特征频率,其量级为 U_∞/δ (U_∞ 为边界层外自由来流速度, δ 是边界层厚度)。第二类成因是流动分离区的膨胀/收缩过程,分离区上方的剪切层向下游发展,并将分离区内的流体卷吸引起分离区的膨胀/收缩,其特征频率为 $U_\infty/hF(M_c)g(r, s)$,其中 h 是分离区高度, $F(M_c)$ 是可压缩混合层的无量纲扩散率, $g(r, s)$ 是穿过流体速度和混合层密度比的函数。第三类因素是声耦合机制,流场中形成声反馈环路,传播速度为 $a - u$,其中 a 为当地声速、 u 为速度,若用 λ 表示干扰流动的特征长度,则产生的频率为 $(a - u)/\lambda$。

　　将这些频率以来流湍流边界层的特征频率 U_∞/δ 进行归一化,其数量级见表 11.1 中的最后一列。在大多数存在流动分离的情形下, δ/h 为 1 的量级。当 $F(M_c) < 1$ 且 $Ma = 2$ 时, $g(r, s)$ 的值约为 0.2,特征频率的值小于 0.1。对于声反馈机制, δ/λ 与边界层增长率为同一量级,通常为 10^{-2}。激波可能对所有激励做出相应反应,激波/边界层干扰流场中可能存在多种引起非定常性的来源,激

波运动的主频低于或等于自由来流湍流的特征频率,在某些条件下,主频约比来流湍流的特征频率低两个数量级。

通过 UFAST 项目,对激波/边界层干扰及其非定常性有了更进一步的认识,并提出了一种激波振荡主频的数学式。但是,目前仍有一些问题亟待解决。

在内流道中的激波/边界层干扰流场,拐角流动可能对整个流场具有极其重要的影响。此外,在受迫条件下,对激波结构与振荡特征的认识还不够深入。前面曾介绍,基于质量守恒定律建立了激波非定常振荡的模型,那么在抽吸流动控制下或流场密度发生改变时,其非定常性可能会发生改变。

另外,雷诺数的影响也值得进一步探讨。斜激波/平板边界层干扰流场中,激波振荡频率基本与雷诺数无关,主要取决于流场中是否发生分离。然而,流场中是否发生流动分离,与上游边界层,特别是湍流边界层的特性密切相关。因此,需要对自由来流边界层的状态与参数开展更详细的研究。

第 12 章

WP‑3 流动控制实验

12.1　简介

在 UFAST 项目的支持下,多位学者对激波/边界层干扰非定常特性开展了流动控制方法研究,首先介绍三类激波/边界层干扰中的激波振荡现象。

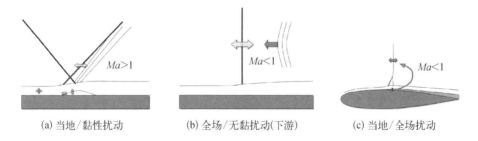

(a) 当地/黏性扰动　　　　　　(b) 全场/无黏扰动(下游)　　　　(c) 当地/全场扰动

图 12.1　UFAST 项目关注的三类激波振荡现象

UFAST 项目应用了多种流动控制方法,详见表 12.1。

表 12.1　UFAST 项目中应用的流动控制方法

控　制　类　型		研　究　单　位
当地/边界层控制	涡流发生器	剑桥大学(UCAM) 法国国家航空航天研究院(ONERA)
	射流式涡流发生器	法国国家科学研究中心 IUSTI 实验室(IUSTI) 波兰科学院萨瓦尔斯基流体机械研究所(IMP)

（续表）

控 制 类 型		研 究 单 位
当地/边界层控制	合成射流/脉冲射流	罗马尼亚国家航空航天研究所（INCAS） 贝尔法斯特女王大学（QUB）
	抽吸	波兰科学院萨瓦尔斯基流体机械研究所（IMP）
	放电	俄罗斯科学院西伯利亚分院理论与应用力学研究院（ITAM）
全局控制	副翼振荡	武卡谢维奇研究中心-航空研究院（IoA）

　　UFAST 项目中应用的大多数流动控制方法都针对边界层施加控制,主要通过改善干扰区上游的边界层特性提高对逆压梯度的抵抗能力。其中,绝大多数方法通过诱发产生流向涡结构或提高近壁流动的湍动能,使边界层速度剖面变得更饱满,形状因子随之减小。这些流动控制方法直接作用于来流边界层,达到削弱甚至消除激波诱发的边界层分离的目的。流动分离状态发生变化后,进一步影响整个流场,如下游的逆压梯度等。流动控制方法对激波振荡的作用,主要是通过对当地和黏性扰动的作用来实现的。

　　IoA 发展了一种具有"全场"影响的流动控制装置,即作用于跨声速翼型上的副翼振荡,这种方法通过引入特定的扰动直接影响激波下游的压力分布。

12.2　主要结果

1. 流动控制方法对激波诱发分离的作用

　　除 ITAM 采用的基于放电原理的控制方法外,其他针对边界层施加控制的方法均可对流动分离起到不同程度的作用。其中,抽吸流动控制方法的效果最显著,在某些条件下甚至能够完全消除流动分离（IMP）。除抽吸流动控制方法外,其他方法均呈现三维特征,即在展向不同位置处施加控制。在流动控制方法作用下,分离区的尺寸、形状均发生变化,甚至在某些情形下,流动拓扑发生显著改变,例如,IMP 应用射流式涡流发生器施加流动控制时,分离区变为数个较小尺寸的分离区。未施加流动控制和应用射流式涡流发生器后的油流结果见图 12.2,

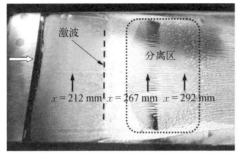

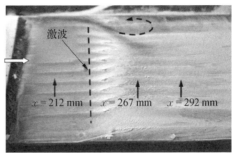

(a) 未施加流动控制　　　　　　　　　(b) 应用射流式涡流发生器

图 12.2　未施加流动控制和应用射流式涡流发生器后的油流结果

流场中存在数个较小尺寸的分离区。

流动控制装置的尺寸(或强度)与作用效果之间存在不易调节的矛盾,大尺寸的控制装置对分离的作用效果更显著,但不可避免地会引入更大的额外阻力,对于主动控制方法,需要更多的能量输入。

实验结果表明,流动控制方法能够有效地减小中心线附近区域的分离区,但在侧壁附近的区域,拐角效应对流场的影响比流动控制方法更显著。目前,应用的流动控制方法均无法有效削弱拐角处的分离,但是,对三维效应与拐角效应的控制并不是 UFAST 项目的主要目标,所应用的流动控制方法也不是针对消除拐角分离而发展的,因此不能直接得出"流动控制方法无法有效消除拐角处分离"的结论。在后续工作中,会进一步研究这类问题。

2. 流动控制方法对激波振荡的作用

ITAM 应用基于放电原理的流动控制方法,在激波/边界层干扰区的上游施加流动控制,研究其对激波振荡的作用,激波振荡幅值 A 与流动控制扰动频率 f_{mf} 之间的关系见图 12.3。

跨声速流场中的激波振荡主要是由激波波后的压力波动引起的(UCAM、ONERA),而图 12.3 中激波振荡对上游边界层内扰动的响应规律与该机制类似,表明无黏效应可能是其主要成因。

对于具有全流场非定常特性的激波振荡(图 12.1),针对边界层施加的流动控制方法基本没有效果或不产生直接作用效果。在一些条件下,采用流动控制方法,通过削弱流动分离区,进而对激波振荡产生作用(ONERA、INCAS),分离区特征的变化改变了整个流场的特性,激波位置也随之改变并进一步作用于激

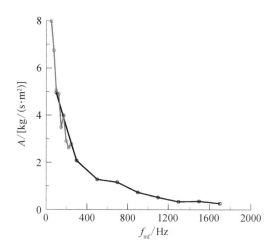

图 12.3　激波振荡幅值与流动控制扰动频率之间的关系(ITAM)

波振荡。目前的研究结果表明,对边界层施加的流动控制方法,均无法直接影响激波振荡特性。

IoA 针对超声速翼型上的激波振荡问题发展了控制方法,该方法改变了无黏压力场,但由于控制频率与激波振荡频率相差 3 倍以上,未能达到预期效果。在后续工作中,计划调节控制频率,以匹配激波振荡频率。

12.3　结论

引起激波/边界层干扰非定常性的因素有很多,如来流湍流边界层中的小尺寸、高频脉动,流动分离诱发的大尺寸、低频扰动等。激波振荡对这些扰动比较敏感,且振荡的幅值与频率之间呈负相关关系。

在干扰区上游施加改善边界层分布特征的流动控制方法时,难以对激波振荡起到直接作用。但是,采用流动控制方法,能够通过减小分离区尺寸,改变激波振荡的幅值与频率。

在众多流动控制方法中,传统的涡流发生器与抽吸流动控制的作用效果比较好。需要注意的是,本章的研究中并未评估流动控制方法对流场带来的负面影响(即附加阻力),但是通过优化流动控制装置的尺寸与强度,能够在控制效果与附加阻力之间找到平衡。

　　UFAST 项目中开展的许多实验都具有显著的三维特征,在对流场施加控制时,由于流场的三维特征,并未实现预期的作用效果。对于内流中拐角处的流动分离的控制,是今后值得开展的重要课题。

第 13 章

WP‑4 RANS/URANS 数值模拟方法

13.1 简介

UFAST 项目主要研究三类构型的激波诱导分离问题(图 13.1): 一是跨声速流场中的流动分离;二是平板或曲面上正激波诱发的流动分离;三是斜激波反射引起的流动分离。此外,对每一种构型还开展了流动控制方法研究,应用的手段有风洞实验及(U)RANS、DES、LES 等数值模拟,本章主要介绍并讨论(U)RANS 的数值模拟结果。

(a) 跨声速流场中的　　　　(b) 平板或曲面上正激波　　　　(c) 斜激波反射引起的流动分离
　流动分离　　　　　　　　诱发的流动分离

图 13.1　UFAST 项目中研究的三类构型

(U)RANS 数值结果中,出现了一些未预见到的结果,如拐角分离、非对称流场等,且其中一些问题仍未解决。

13.2　跨声速流场中的流动分离

1. 凸起壁面(QUB)

在凸起壁面 QUB 的跨声速风洞(最高 Ma 为 1.4)开展了一系列实验研究,实验与数值模拟结果见图 13.2。(U)RANS 方法准确地预测了下壁面上的压力

凸起壁面(QUB)

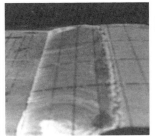

(a) 实验纹影结果　　　　(b) 应用陶土的流场显示结果　　　(c) k-ω 数值模拟结果

图 13.2　QUB 的部分实验结果

分布,并复现了与流动显示结果中相似的三维流动结构。

应用几种(U)RANS 模型的数值模拟结果均表明,对流动分离区尺寸的预测值比实验测得的结果偏大。

2. 双圆弧翼型(INCAS)

在马赫数 0.76 流场条件下,翼型上存在激波/边界层干扰诱发的激波振荡,如图 13.3 所示。

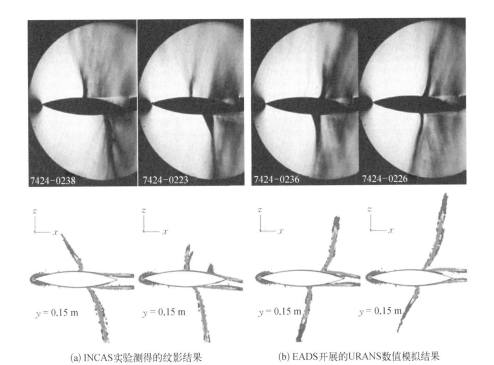

(a) INCAS实验测得的纹影结果　　　　　(b) EADS开展的URANS数值模拟结果

图 13.3　INCAS 实验测得的纹影结果和 EADS 开展的 URANS 数值模拟结果

URANS 比较理想地预测了激波振荡,且振荡幅值、频率与实验结果基本一致。实验中测得的激波振荡频率为 78 Hz,而 INCAS 开展的 URANS 数值模拟预测的结果为 80.1 Hz,EADS 结果为 77 Hz,IMFT 的预测结果为 79 Hz,所有数值模拟均应用了 SA 模型。

13.3　正激波/平板边界层干扰

UCAM、IMP 和 ONERA 对几种构型的正激波/边界层干扰问题开展了研究,流场马赫数范围为 1.3~1.5。

1. 受迫激波振荡(ONERA 与 UCAM)

激波干扰区下游的转动装置以固定频率运动诱发激波振荡,URANS 数值模拟结果表明转动装置产生周期性的压力分布,流场中的马赫数分布取决于激波位置,主要范围为 1.3~1.5。利物浦大学的部分研究结果见图 13.4。

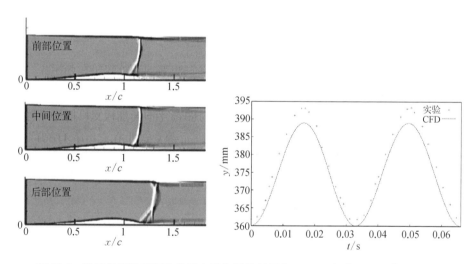

图 13.4　激波位置随时间变化的实验与数值结果(URANS 方法、$k-\omega$ 湍流模型)

尽管 URANS 方法对运动幅值的预测值偏小,但总的来说该方法对激波振荡特征的预测比较准确。此外,其对流动分离区的预测能力有待改进。

UCAM 对 $Ma = 1.3$ 与 $Ma = 1.4$ 流场的研究结果表明,数值方法能够比较准确地捕捉无黏流动特征。图 13.5(a)为激波运动的瞬时位置(NUMECA 采用 $k-\omega$ 湍流模型)。Bruce 和 Babinsky 提出了一种理论分析方法,其预测的激波振荡幅值与实验结果吻合,结果见图 13.5(b)。由图可知,随着激励频率增大,激波振荡的幅值降低。压力分布测量结果表明,干扰区引起的压力升高主要取决于相对于激波的流动马赫数。因此,在给定的压力比值的条件下,可以应用理论分析方法获得激波运动速度。然后,通过对激波运动速度进行积分,获得激波运动轨迹及运动幅值。理论方法与实验结果之间的一致性非常好,验证了理论方法的可行性,证实激波通过运动的形式对变化的压力环境进行自适应。

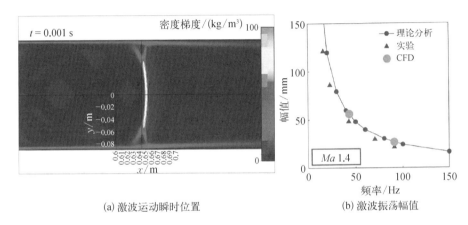

(a) 激波运动瞬时位置　　　　　　(b) 激波振荡幅值

图 13.5　激波运动的瞬时位置及对激波振荡幅值的预测结果

激波振荡周期内两个时刻的压力分布与流场云图结果见图 13.6,与实验结果相比,数值方法对压力分布的总体趋势及动态特性的预测结果较理想,但对 λ 激波的形状、尺寸变化的预测能力仍需优化。这意味着数值方法对无黏流场的刻画比较准确,而对黏性效应的模拟则对湍流模型比较敏感。

2. 定常正激波实验

$Ma = 1.3$ 流场条件下,数值方法对干扰区内边界层增长率的预测值偏大。在所选用的湍流模型中,采用 SST 模型时对边界层发展的预测与实验结果最吻合,并理想预测了来流边界层速度剖面。需要注意的是,采用 SA、SST 和 $k - \varepsilon$ 等不同湍流模型时,对流场与波系结构的模拟结果之间存在着不可忽视的差异。

3. $Ma = 1.4$ 和 $Ma = 1.5$ 流场中的非对称解问题

在对定常正激波/边界层干扰问题开展的大量数值模拟研究中,许多结果表明 $Ma = 1.4$ 和 $Ma = 1.5$ 流场中存在非对称特性,而相同条件下开展的实验结果

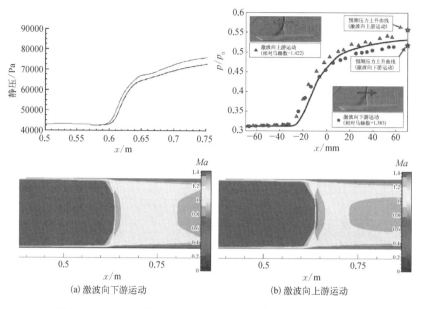

(a) 激波向下游运动　　　　　　(b) 激波向上游运动

图 13.6 $Ma = 1.4$ 流场下非定常数值模拟与实验结果对比 (UCAM)

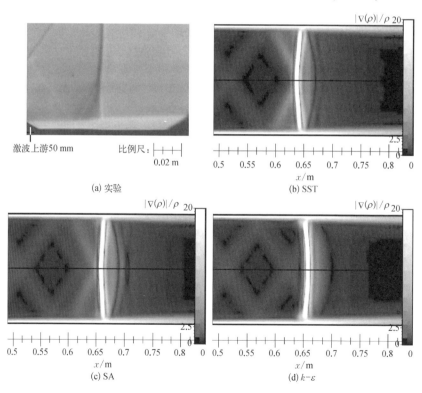

(a) 实验　　　　　　(b) SST

(c) SA　　　　　　(d) k-ε

图 13.7 $Ma = 1.3$ 流场中应用三种湍流模型时的纹影显示结果 (实验与数值纹影)

却表明流场是完全对称的。

Ma ＝ 1.3 流场中,三种湍流模型数值方法(NUMECA)与实验(UCAM)测得的表面压力分布如图 3.18 所示。图 13.9 为应用六种湍流模型时的表面压力分布。

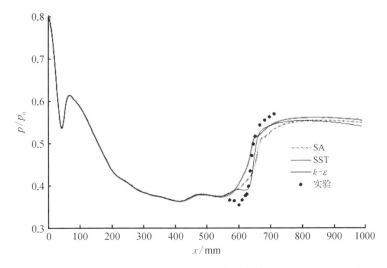

图 13.8　Ma = 1.3 流场中采用三种湍流模型数值方法(NUMECA)与
　　　　实验(UCAM)测得的表面压力分布

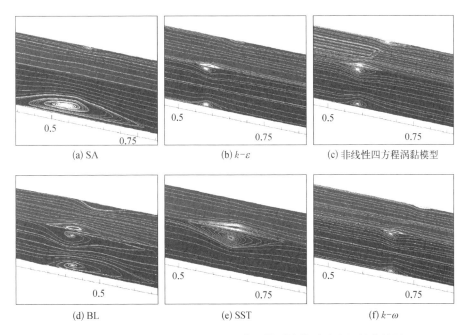

图 13.9　Ma = 1.4 流场中应用不同湍流模型的非对称流场数值结果

　　经过对数值方法与模型的研究,以及实验结果的验证,确认是拐角处涡结构引起了流场的非对称性。在 $Ma = 1.4$ 流场条件下,实验测得的流场是对称的,但数值方法对拐角处涡结构尺寸的预测值偏大,最终导致形成非对称流场。除了 $k - \varepsilon$ 湍流模型外,其余模型的数值结果均为非对称流场。

　　在 IMP 实验中也观察到了类似的现象,应用 FINE/Turbo、FLUENT、SPARC 等多种求解器及不同的湍流模型(SA、SST、RSM 和 $k - \tau$)模拟实验流场,除 $k - \tau$ 的数值结果之外,其他数值预测的流场均呈现出非对称特性,实验与数值结果见图 13.10。

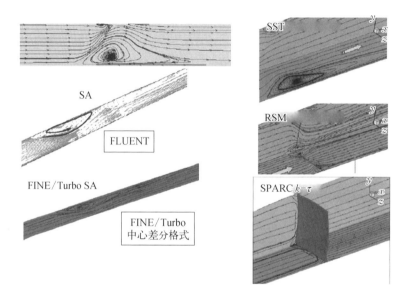

图 13.10　IMP 采用实验与多种湍流模型预测的非对称流场

　　对矩形拐角进行倒角处理,当倒角半径较大时,流场中的非对称特征消失,说明是拐角处的分离引起了数值模拟中的非对称解。

　　本节中的研究结论主要如下。

　　(1)针对马赫数 1.4 和 1.5 流场,数值方法预测的流场呈现非对称性。

　　(2)在马赫数 1.5 流场中也观察到了流场中的非对称特征,但不如数值结果那么明显。

　　(3)即便网格质量很高,流场中的非对称特征也与湍流模型相关。

　　(4)数值方法的求解器影响了非对称流场结构,在数值模拟过程中,首先收敛至一个对称解,然后出现非对称解。

（5）采用不同模型、不同数值格式时，均预测到了非对称流场。

（6）其他研究学者也观察到了非对称流场现象。

13.4　斜激波/平板边界层干扰

分别在 TUD（$Ma = 1.7$）、ITAM（$Ma = 2$）、IUSTI（$Ma = 2.25$）开展实验研究。

1. ITAM 实验

UAN 应用 SST 湍流模型，LMFA 应用 SA 湍流模型开展数值模拟研究。数值方法对来流边界层的模拟结果比较准确，但与实验结果相比，发生分离的位置更靠近下游，压力峰值较低。

实验结果与 SOTON 应用 LES 方法获得的数值结果见图 13.11，图中包含实验结果、IAN 与 LMFA 的 RANS 结果、SOTON 的 LES 结果。从结果来看，来流湍流度与侧壁面的影响比较显著，且每一种 URANS 模型均获得了定常流场。

2. IUSTI 实验

针对 IUSTI 开展的实验，应用多种湍流模型、网格开展了大量数值模型，其中最大网格数量为 2.3×10^7 个。

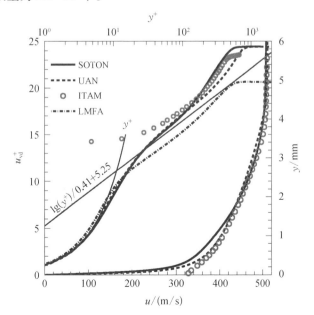

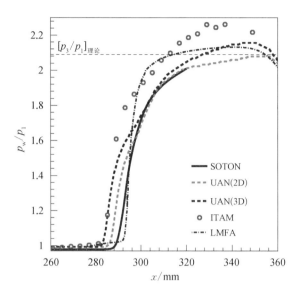

图 13.11 激波上游速度剖面与下壁面上的压力分布

在网格数量为 $2\times10^6 \sim 5\times10^6$ 的条件下,采用不同湍流模型预测展向中心截面上流向速度分量,见图 13.12。

RANS 方法能够预测流场的主要特征,包括流动分离区的形状与尺寸,但不同湍流模型对分离区尺寸的模拟结果存在一定差异。

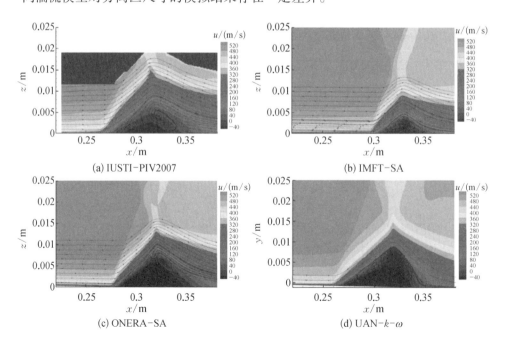

(a) IUSTI-PIV2007

(b) IMFT-SA

(c) ONERA-SA

(d) UAN-k-ω

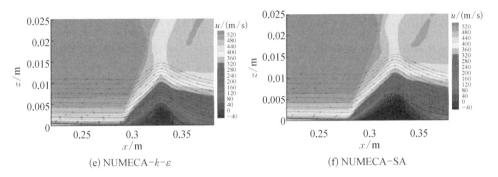

(e) NUMECA-k-ε　　　　　　(f) NUMECA-SA

图 13.12　***Ma*=2.25 中斜激波/平板边界层干扰流场和展向中心截面上流向速度分量的分布**

　　应用两种湍流模型、不同的网格(网格数量分别为 4.6×10^6 个和 2.3×10^7 个),获得激波下游分离区流场(图 13.13),结果显示两者之间的差异主要为拐

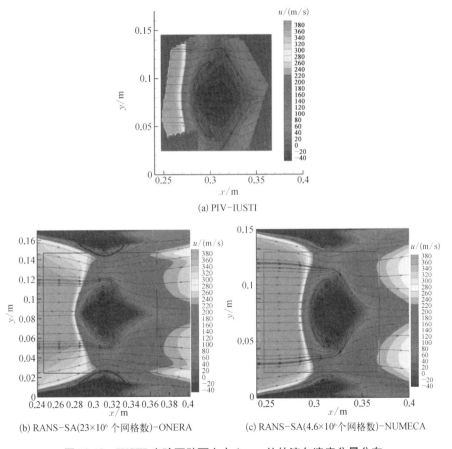

(a) PIV-IUSTI

(b) RANS-SA(23×10^6 个网格数)-ONERA　　(c) RANS-SA(4.6×10^6 个网格数)-NUMECA

图 13.13　**IUSTI 实验下壁面上方 1 mm 处的流向速度分量分布**

角涡结构的尺寸。拐角处流动对下壁面流动分离具有重要影响,因此需要进一步评估网格数量对数值结果的影响。所有的 URANS 模型都得到定常解,均未能捕捉到激波的高频振荡特征。

13.5　结论

本章中介绍的实验流场和算例均具有显著的三维效应与黏性效应,比预想的流场更复杂。在 UFAST 项目中,发现大尺寸拐角分离诱发了非对称流场特征。采用 RANS 方法基本能够捕捉流场中的绝大多数特征,但也存在以下不足。

(1) 基于 QUB、IUSTI、TUD、ITAM 和 IMP 的实验结果可知,采用 URANS 方法无法准确模拟非受迫条件下的激波振荡。

(2) 基于 ONERA 和 UCAM 的实验结果可知,采用 URANS 方法能够正确描述受迫条件下的激波振荡及干扰区上游的速度分布,但对分离区及其下游速度分布的预测能力还需进一步提高。

(3) 基于 UCAM 和 IMP 实验结果可知,不同湍流模型、网格条件下,数值方法对拐角处分离区尺寸的预测值存在差异,且普遍偏大。

UFAST 项目中应用(U)RANS 方法开展了大量数值模拟研究,结果表明,想要更准确地模拟三维分离流场、拐角涡结构等流动,必须对数值方法进行改进。

此外,目前应用的湍流模型的耗散、太强,无法捕捉激波/边界层干扰的非定常特性。

参考文献

[1] Bruce P J K, Babinsky H. Unsteady shock wave dynamics. Journal of Fluid Mechanics, 2008, 603: 463 - 473.

[2] Bruce P J K, Babinsky H, Tartinville B, et al. An experimental and numerical study of an scillating transonic shock wave in a duct. In the Processing of 48th Aerospace Sciences Meeting, Orlando, AIAA Paper, 2010.

[3] Hirsch C, Tartinville B. RANS modeling for industrial applications and some challenging issues. International Journal of Computational Fluid Dynamics, 2009, 23(4): 295 - 303.

第14章

WP - 5 LES 方法和 RANS - LES 混合方法

14.1 目标与成果

本章针对跨声速干扰、正激波干扰与入射激波干扰三种构型进行介绍，UFAST 应用 LES 方法与 URANS - LES 混合方法开展了非定常流动机理及流动控制方法研究(WP - 5)。此外，应用 LES 方法分析激波/边界层干扰流场中的大尺寸流动结构，并探讨 LES 方法和 RANS/URANS 方法的适用性。

WP - 5 的主要目标有：① 评估 LES 方法对激波诱导流动分离的模拟能力；② 持续发展 LES 方法与 RANS - LES 混合方法，以满足对激波/边界层干扰问题的研究需求；③ 准确模拟激波/边界层干扰的时均与非定常流动；④ 提高 LES 方法在较高雷诺数条件下的适用性；⑤ 提升 RANS - LES 混合方法的计算效率，降低其对计算资源的依赖性，满足工程应用的需求；⑥ 求解湍流模型中生成项、耗散项、扩散项及其他项。

WP - 5 的承研单位有：INCAS、IMP、EADS、FORTH、NUMECA、ONERA、SOTON、URMLS、UoL、IMFT。

14.2 跨声速流场中的激波/边界层干扰

QUB 对跨声速流场中凸起壁面处的激波/边界层干扰开展了实验研究。由于流场雷诺数较高，UoL 采用了壁模型的 LES 方法，该方法对激波振荡等非定常特征的模拟结果基本与实验结果一致。更进一步地，IMFT 应用 OES 方法与 LES 结果进行验证，并提出了一种流动模型。LES 方法和 OES 方法都解析了激波振荡频率,并很好地预测了壁面压力分布,结果见图 14.1。此外,应用数值方法研究了合成射流流动控制方法的可行性与适用性。

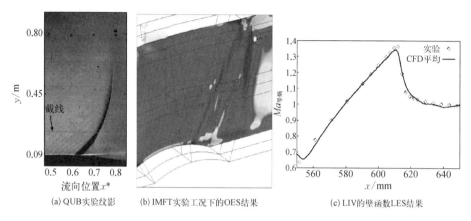

(a) QUB实验纹影　　　(b) IMFT实验工况下的OES结果　　　(c) LIV的壁函数LES结果

图 14.1　凸起壁面流场

IoA 和 INCAS 分别对 NACA0012 和一种圆弧翼型开展了数值模拟研究,结果表明翼型附近网格分辨率及风洞壁面的影响均对激波振荡具有重要影响,且需调整攻角角度和流场马赫数,才能获得与实验结果一致的数值模拟结果。基于机翼弦长的雷诺数约为 1 000 万,使用近壁解析的 LES 方法对计算成本提出了非常高的要求,因此,采用 DDES 方法开展数值模拟,预测的激波振荡频率与飞行、风洞实验结果具有较好的一致性。EADS 针对 INCAS 实验流场开展的 DES 数值结果见图 14.2,其对激波结构与振荡频率的预测结果均比较准确,且相

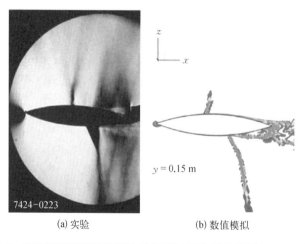

(a) 实验　　　　　　　　(b) 数值模拟

图 14.2　双圆弧翼型激波振荡实验(INCAS)和数值模拟(EADS)结果

比 URANS 结果获得了更丰富的激波振荡的信息。但是,采用 DDES 预测的激波位置与实验结果存在一定差异。

对 IoA 风洞实验开展的数值模拟研究,也存在相似的难题。由于流场雷诺数较高且副翼处的构型比较复杂,应用 LES 方法的成本过高。因此,IMFT 和 UoL 应用 DES 方法开展数值模拟研究,对激波振荡的预测结果见图 14.3,激波振荡频率约为 90 Hz。总的来说,对于雷诺数较高的流场,DES 方法可行且结果比较可靠。

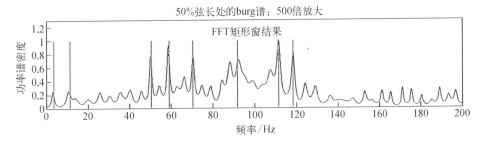

图 14.3　50%弦长处的气动载荷频谱分布

14.3　正激波/边界层干扰

ONERA、IMP、UoL 和 UCAM 均对正激波/边界层干扰开展了风洞实验研究:ONERA 在风洞实验段下设置了一个旋转装置,产生周期性脉动压力环境 UoL 应用 DES 方法和 URANS 方法模拟了旋转装置产生的脉动压力条件。采用 DES 方法预测的激波运动、分离区特征与壁面压力时序信号更接近实验结果,但是对高频流动的模拟能力不足,结果见图 14.4。此外,应用 DES 方法开展涡流发生器流动控制方法研究,分析了流向涡对激波和分离区的主要影响。

IMP 针对平直流道和弯曲流道内的激波/边界层干扰开展了研究。对于平直流道构型,需要模拟流道的四个壁面,若使用 LES 方法,则需要对计算资源提出非常高的要求,因此 UoL 采用分区 LES 方法,对流道侧壁采用壁函数并适当降低近壁区的网格密度。IMP 则使用 NUMECA 的 CFD 求解器,采用一种基于 DES 的混合方法进行研究,结果表明该方法能在一定程度上捕捉激波的非定常性,但与实验结果的差异比较显著,结果见图 14.5,其中流动方向为从左到右。

(a) 纹影结果

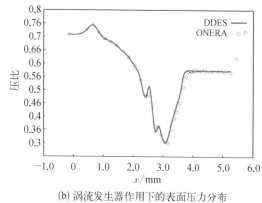

(b) 涡流发生器作用下的表面压力分布

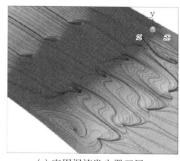

(c) 应用涡流发生器开展
DES的流动结构

图 14.4   ONERA 风洞实验结果

(a) 油流实验结果

(b) 数值模拟结果

图 14.5   对平行流道构型开展的油流实验和数值模拟结果(DES 方法)

对于平直流道构型,无法使用展向对称边界条件,因此所需的计算资源量极高,目前尚无法应用 LES 方法对这种构型中的激波/边界层干扰问题开展系统研究。采用混合方法能够部分降低对计算资源的需求,UCAM 采用 NUMECA 的 CFD 求解器开展了数值模拟研究,但对非定常性的模拟结果与实验结果相差甚远。

14.4　斜激波/平板边界层干扰

TUD、ITAM 和 IUSTI 均针对斜激波/平板边界层开展了实验研究。TUD 实验中的流场雷诺数较高,流场中间歇性地发生流动分离,具有强烈的三维特征。而在开展数值模拟研究时,应用 LES 方法,在展向上采用周期边界条件并适当减小雷诺数,结果表明 LES 方法较好地定性预测了干扰流场结构,并刻画了混合层涡结构脱落的过程,见图 14.6。

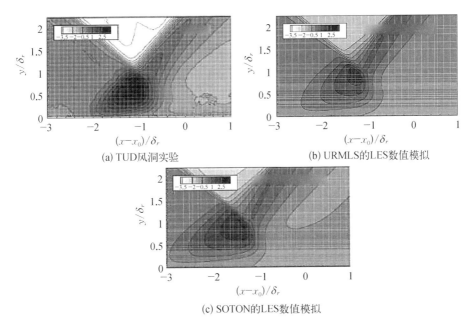

(a) TUD风洞实验　　　　　(b) URMLS的LES数值模拟

(c) SOTON的LES数值模拟

图 14.6　TUD 风洞实验结果及 LES 数值模拟结果(流向速度)

对于 ITAM 开展的风洞实验,LES 结果表明激波存在低频振荡特征,证实了流动分离区对激波振荡的作用机制。对流场中开展波数-频率的分析结果表明,流动分离区附近存在声耦合和对流过程,伴随着上游声传播和对流,以及下游声辐射,结果见图 14.7,图中横坐标表示标准差。

对于 IUSTI 开展的风洞实验,流场雷诺数较低,对计算资源的要求相对降低,多家参研单位应用 DES、DDES、SDES 和 LES 方法开展了数值模拟研究。结果表明,经典(SA)DES 和 DDES 无法正确预测该流场,在较粗的网格条件下,流

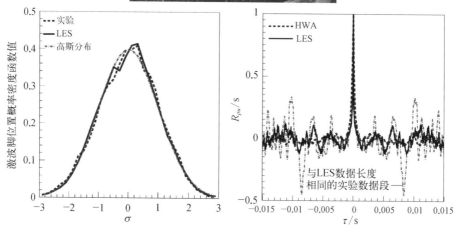

图 14.7　ITAM 风洞实验结果及其 LES 数值模拟结果（SOTON）

动是定常的。ONERA 采用 SDES 方法，在展向周期边界条件下，对 8°楔角激波发生器开展了数值模拟研究，对流场的整体预测结果有所改进，预测的流向速度分量结果见图 14.8。

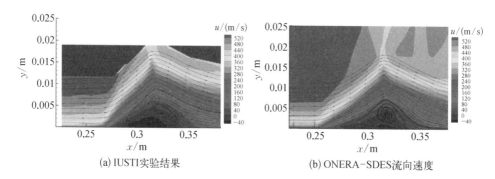

(a) IUSTI实验结果　　　　　　　　　(b) ONERA-SDES流向速度

图 14.8　IUSTI 实验结果与 ONERA SDES 流向速度分布对比（8°楔角激波发生器）

　　在流动控制方法方面,WP－5 开展了射流式涡流发生器、合成射流、机械式涡流发生器、副翼运动和多孔壁等方法研究,对这些流动控制方法开展了部分数值模拟研究,有助于深入理解激波/边界层干扰的流动控制机理与方法。图 14.9 展示 UoL 采用 DES 方法模拟同向涡流发生器流动控制的流场(采用流向速度对涡量等值面着色,流动方向为从右到左)。

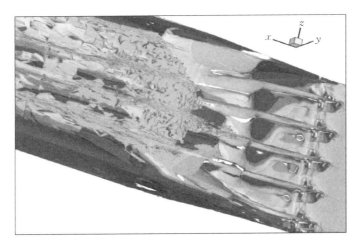

图 14.9　ONERA 风洞实验条件下应用同向涡流发生器的数值模拟结果

14.5　总结

　　在流场雷诺数较低的情形下,使用简化的边界条件,能够采用全近壁解析的 LES 方法开展数值模拟。随着雷诺数增大,则需使用一些壁模拟的 LES 方法甚至 DES 方法和混合方法等。对于跨声速流场中的翼型,目前 UFAST 项目中只能应用 DES 方法开展数值模拟。

　　在 WP－5 工作中,发现了几类仍需开展进一步研究的问题,一是对拐角流动的模拟,对于存在侧壁的构型,流场呈现出强烈的三维特征,无法采用展向对称或者周期性边界条件进行简化处理,对于这种复杂流场,需要风洞实验与数值模拟紧密结合的手段进行深入研究。二是需要为越来越高的雷诺数提供壁面解析的 LES 方法,通过使用更大规模的并行计算机和图形处理单元、更快的算法、更大的网格数量能够实现这一目标,但不能只依赖于等待计算机的能力提高,同时可以考虑使用计算数据库,通过共享现有数据来获得数据使用效益的最大化。

WP‑5 的工作已证实混合方法和分区方法是可行的,但在使用时必须了解这些方法的细节和局限性。

WP‑5 的研究成果为 UFAST 项目提高了丰富的数据,并已共享给全部参研单位。对于复杂流场,考虑到大涡模拟、混合方法等所需的计算成本,对于流动控制模拟方法,还有大量工作待开展,对流动控制装置的建模、求解湍流模拟和 RANS‑LES 混合方法提出了新的挑战。